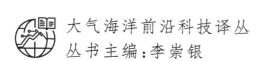

大气海洋前沿科技译丛

丛书主编：李崇银

Springer

神经网络在地球系统科学中的应用

——复杂多维映射系统中的神经网络模拟

Vladimir M. Krasnopolsky　著

钟　玮　杜华栋　丁锦锋　译

气象出版社

China Meteorological Press

内容简介

本书以系统学观点与神经网络在大气海洋领域融合应用为出发点,采用理论框架与大量实例相结合的方式,主要阐述了机器学习在大气和海洋信息反演中的应用,讨论了利用神经网络技术在大气、海洋、海浪等模式中构建准确、快速的物理参数化模型的基本原理,以及将神经网络方法与确定性物理模型相结合进行耦合开发的关键技术方法,可作为高等院校气象海洋专业及相关专业人员学习神经网络在地球系统中最新应用的教科书,也可为广大从事气象海洋预报及相关领域的科研和业务人员了解和掌握未来机器学习与数值模式的结合和应用提供参考。

图书在版编目（ＣＩＰ）数据

神经网络在地球系统科学中的应用 ：复杂多维映射系统中的神经网络模拟 ／（美）弗拉基米尔·克拉斯诺波尔斯基著 ；钟玮，杜华栋，丁锦锋译. -- 北京 ：气象出版社，2021.10（2023.6重印）

（大气海洋前沿科技译丛 ／ 李崇银主编）

ISBN 978-7-5029-7570-8

Ⅰ. ①神⋯ Ⅱ. ①弗⋯ ②钟⋯ ③杜⋯ ④丁⋯ Ⅲ.①神经网络－应用－地球系统科学－研究 Ⅳ. ①P

中国版本图书馆CIP数据核字(2021)第201910号

北京版权局著作权合同登记：图字01-2021-6960

神经网络在地球系统科学中的应用

SHENJING WANGLUO ZAI DIQIU XITONG KEXUE ZHONG DE YINGYONG

出版发行：气象出版社			
地　　址：北京市海淀区中关村南大街 46 号		邮政编码：100081	
电　　话：010-68407112（总编室）　010-68408042（发行部）			
网　　址：http://www.qxcbs.com		**E-mail**：qxcbs@cma.gov.cn	
责任编辑：万　峰		终　审：吴晓鹏	
责任校对：张硕杰		责任技编：赵相宁	
封面设计：艺点设计			
印　　刷：北京建宏印刷有限公司			
开　　本：787 mm×1092 mm　1/16		印　张：9.25	
字　　数：270 千字		彩　插：4	
版　　次：2021 年 10 月第 1 版		印　次：2023 年 6 月第 3 次印刷	
定　　价：75.00 元			

本书如存在文字不清、漏印以及缺页、倒页、脱页等，请与本社发行部联系调换。

丛书序

　　大气、海洋是我们人类生存和活动的主要空间。然而,近些年来环境污染加剧,对人类生存造成严重威胁;加之在全球变暖背景下,高影响天气事件频发、海洋生态环境恶化,更是对人类生产生活和财产安全构成重大威胁。对此,世界各国都越来越重视大气海洋环境的探索和研究,想法保护大气海洋环境的安全。为了更加精准地了解大气海洋环境的状态和演变,大气科学和海洋科学的学科融合不断加深,并在不断向与人类活动相关的圈层(陆地、生物、冰冻圈等)研究领域持续延拓。与此同时,新型探测装备、高性能计算、机器学习、大数据、数字孪生等新型技术在大气海洋环境科学领域的交叉更加广泛深入,涌现出了大量具有多学科背景的前沿理论和技术。

　　为了加快对最新研究成果的认知,拓展学术研究和专业学习的视野,本丛书采用开放拓展的模式,聚焦当前以及未来大气海洋环境领域研究关注的热点和难点,如对全球自然环境和人类活动具有重要影响的北极环境及其变化问题、机器学习在大气海洋环境探测和预报研究中的应用问题、大气海洋边界层的信息获取和特征认识问题、气候变化及其影响问题等,选取近十年大气海洋环境研究领域具有前瞻性和交叉性的优秀英文研究专著进行翻译出版。本丛书对从事大气、海洋、计算机以及管理等学科领域的科研人员、教师和气象海洋业务领域的预报人员有极高的参考价值,也可作为高等院校本科生和研究生的学习参考。

李崇银

2021 年 10 月

前　　言

近年来,随着观测手段的丰富、观测技术的提高以及数据处理能力的提升,以神经网络为代表的计算智能方法在灾害性天气监测预警、遥感资料分析与反演、大气海洋环境预报等领域的交叉融合越来越深入。一方面,丰富的观测数据为智能算法的优化和计算技术的提高提供了支撑;另一方面,计算智能方法的应用有力推动大气海洋监测预报数据计算结果精准度和计算速度的提升,增强气象灾害预报预警能力。实际上,智能方法在大气科学和海洋科学中的应用才刚起步。近年来,基于物理模式的数值预报和基于数据驱动的计算智能方法的结合成为大气科学和海洋科学研究的前沿热点。因此,系统了解和掌握计算智能方法描述和逼近大气海洋复杂物理过程中的应用原理,是面向未来智能化数值模式发展的基础。

为了方便中国读者更好地理解计算智能方法在复杂多维映射系统中的应用原理和最新成果,我们选择了美国国家海洋和大气管理局环境模拟中心研究员Vladimir M. Krasnopolsky 编著的《神经网络在地球系统科学中的应用》进行翻译。全书根据作者长期参与开发大气和海洋模式计算智能模型的经验,从基本原理、数值试验、案例分析三个维度,介绍了神经网络技术在卫星遥感、模式参数化模型以及耦合模式开发中的应用,并作为优秀出版物入选 Springer 大气海洋科学图书馆丛书。

本书主要面向大气、海洋科学以及相关领域科研人员、高校师生和业务人员等,适合对计算智能方法在大气海洋科学应用感兴趣的初学者使用。在基础知识部分,介绍了神经网络作为一种通用技术,在具有复杂多维非线性映射和高度非线性近似特征的地球系统中的应用原理。随后通过大气海洋观测、模式参数化等具体场景的应用,对抽象理论进行解析和引证,同时给出了大量的参考文献和案例资源,能够帮助读者更好地理解神经网络技术的应用原理、应用步骤以及应用过程中需要注意的问题。

本书第 3 章由杜华栋翻译,第 5 章由丁锦锋翻译,其余章节和统稿由钟玮完成,由于水平所限,书中难免存在疏漏或不妥之处,欢迎读者指正。

本书翻译和出版得到了联合参谋部战场环境保障局、国防科技大学气象海洋学院的大力支持,特别感谢国家自然科学基金(编号:42075011)的资助。

译者

2021 年 10 月

目　　录

彩　图

第1章　引　论

二战之前的生活是简单的。但那之后,我们有了系统。

——格蕾丝·穆雷·赫柏

世界是连续的。不存在独立的系统。在哪里给系统画上边界取决于你想讨论什么。

——多内拉·H·米多斯,《系统思维:入门》

摘要

本章将地球系统(Earth System:ES)作为一个由存在相互作用的子系统组成的复杂动力系统提出并进行讨论,重点讨论的天气和气候系统也是这个系统的子系统。通过讨论可以看出,地球系统中的任何子系统都可以看作是一个多维的关系或映射,它通常是复杂的、非线性的。因此,在回顾地球系统及其子系统研究发展的基础上,介绍了神经网络(Neural Network:NN)作为一种强大的非线性工具在地球系统各子系统模拟中的应用,并对神经网络在地球系统科学(Earth System Science:ESS)中的不同应用进行了分类和简要梳理。这一章中涉及大量的参考书目,能够帮助有兴趣深入研究的读者对相关内容进行背景拓展和细节深究。

可以认为,我们所在的星球是一个由相互作用的组件(子系统)组成的复杂的动力系统,通常简称为地球系统。地球系统包含了地球的主要组成部分,如大气、海洋、淡水、土壤、岩石、生物和冰冻层等(Lawton,2001),这些都可作为地球系统的子系统。为了了解地球系统的主要模态和动力过程,我们不仅需要研究地球系统的每个组件或子系统自身的特征与演变,还需要了解它们之间的联系和反馈。事实上,地球之所以成为适宜人类居住的家园,正是由于上述各子系统的相互支撑和共同作用。

由于子系统之间的相互作用会影响、改变和控制子系统内部的许多过程,因此研究地球系统的发展,就需要理解这些子系统之间的交互、关联及其在子系统过程中引起的变化。这也使得地球系统科学成为一门独立的学科。虽然到现在我们还不能理解这其中所有的关联和反馈,也不能建立一个模型来完整再现地球系统内的所有变化,但这些目前仍然是地球系统科学需要解决的核心问题。

地球系统中存在着大量的覆盖巨大空间和时间尺度的高度非线性过程,这也是地球系统具有极端复杂性的重要原因。仅大气过程,涉及的时间尺度从数亿年(古气候现象)到几分钟(小尺度天气事件),空间尺度从上万千米(全球现象)到微米级(云中水滴)。

如果从结构上考虑地球系统的各子系统,可以认为每个子系统都会从其外部接受信息,相当于存在来自系统和其他子系统的输入端。这些信息以输入信号(参量)集合(矢量)的形式,将系统的整体状态以及外部各子系统的状态传递给子系统。如气温、气压、海水温度和压力、

CO_2浓度、辐射和热流等都属于这类可传递系统(或子系统)信息的参量。与此同时,子系统也通过与地球系统及其他子系统通信,将自身的状态信息作为地球系统的一部分传递给它们。这种输出信息也是以输出信号(参量)集合(矢量)的形式传输。因此,从结构上来说,地球系统的任何子系统都可以被认为是输入向量和输出向量之间的复杂非线性关系,这种关系则可被称为映射。

为了能够描述、建模并模拟地球系统各子系统的这些映射关系,采用了各种各样的数学方法,包括确定性方法和统计方法。确定性方法是基于对子系统的基本原理或基本过程的理解,形成的一套偏微分方程。统计方法则是通过数据处理,实现从数据中直接提取信息。统计方法也称为统计学习(或机器学习、数据挖掘、预测学习等),从某种意义上来说,它们是直接从数据中学习关系或映射。当我们对子系统基本原理或基本过程理解不透彻、不完整或者确定性方法结果出现资源过密集时,就会采用统计方法。

本书介绍了一种特殊的非线性计算智能(Computational Intelligent:CI)或统计学习技术(Statistical Learning Technique:SLT),也被称为神经网络方法,并演示了如何将其应用于地球系统重要子系统的建模或仿真。本章1.1节主要将地球系统作为一个由存在相互作用的子系统组成的复杂动力系统提出并进行讨论,重点讨论的天气和气候系统也是这个系统的子系统,并证明了地球系统中的任何子系统都可以看作是一个多维的复杂非线性关系或映射。1.2节主要回顾了地球系统及其子系统研究发展历程。1.3节则介绍了神经网络作为一种强大的非线性工具在地球系统各子系统模拟中的应用,并将其在地球系统科学中的应用进行了分类和简要梳理,并对全书内容进行了概述。

1.1 系统、子系统、组织化和结构

从形式上来说,一个系统可以定义为一组元素或者部件被有序组织并相互连接后形成的模式或结构。这类模式或结构会产生具有特定意义的行为,通常被理解为其功能或"目的"(Meadows,2008)。因此,任何系统都是由组件或部分组成的。在系统组合的过程中,组件或部分并不是简单地被添加进来,而是在系统的框架下被配置和组织,从而使得每个系统都具有明确的结构特征。这种结构化和组织化正是系统的重要特征。如果一个系统具有合理的结构或组织特征,那么它的功能或表现会超过其各部分的总和,并且系统的整体行为(质量)可能无法由其各部分的行为来预测。在这种情况下,我们必须讨论系统中各部分的协同作用。

在地球系统和许多其他系统中,系统的组成部分本身就是系统。例如,气候和天气系统(图1.1)是地球系统的一个组成部分,但其本身也是一个复杂的系统。甚至气候系统中的大气都是一个包含了动力、物理(辐射、对流等)和化学过程及其相互作用的复杂系统(图1.1)。因此,我们把这些在整个系统中具有组织化结构的组成部分称为子系统。同时将这种具有嵌套排列特征称为层级系统(Wilber,1995;Ahl and Allen,1996)。层级系统可以理解为不同子系统的配置,从而用"在上""在下"或彼此"在同一层次"来表述。在这样的层级结构中,子系统可以直接或间接地进行交互,也可以进行垂直(层级结构的不同层次之间)交互或水平(在同一层次上)交互。垂直层级的数量决定了层级系统的深度或垂直(层级)的复杂性(Salthe,1985)。

在一个具有更高层次结构复杂性系统中发生的相互作用和关系,在转换为低层交互过程中,其产生的新的低层交互关系并不是随意的,也无法单纯依靠那些低阶相互作用来实现。也

就是说高阶关系能够控制或调制下一层次的低阶关系,即高阶关系包含并超越了低阶关系(Wilber,1995)。同时值得注意的是,相比单向的因果分析,复杂系统内的相互作用更适合于用反馈循环的概念来描述,当然,这也使得复杂系统的相互作用分析变得更加困难。

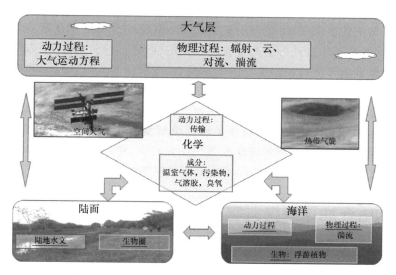

图 1.1　跨学科复杂气候天气系统示意图,图中用箭头标出了子系统之间的主要相互作用(反馈)(见彩图)

1.2　地球系统的研究方法

对地球系统的各个组成部分(如气候、大气、海洋、冰冻层等)的系统性研究始于 19 世纪后期,同时也形成了相对独立的学科领域,如气象学、海洋学、冰川学等。其中不少学科在不断深入理解其物理过程的基础上,形成了能够描述该领域结构特征和演变规律的偏微分方程。各学科领域也持续建立了针对本系统的数据观测、采集、处理和存储体系。进入 20 世纪后,很长一段时期内知识和数据的积累与数学工具的发展都是在这些单一的学科领域中各自独立发展。直到 20 世纪 20 年代,现代气象学先驱 Richardson(1922)试图对描述大气运动的原始流体动力学方程进行手工积分计算,这次尝试对新兴的数值天气和气候预测科学产生了巨大的影响并铺平了道路。另外,Fisher(1922)提出了经典的线性统计框架,它允许科学家直接从观测数据中提取有用的信息,甚至在物理过程还没有被充分理解的情况下做出实际的预测。与此同时,以地面观测为主的气象观测网络也飞速发展。

进入 20 世纪中期后,地球系统研究的标志性事件是人们通过对非生物自然圈和生物圈之间的多重反馈的认识,逐渐意识到大气、陆地和海洋过程的相互联系。地球是一个复杂系统的概念开始出现。而这种新观点也推动了复杂系统理论的发展,并得到了新兴理论的支持(von Bertalanffy,1950)。

随着 20 世纪 50 年代电子计算机的出现,Richardson、Fisher 和其他先驱的伟大工作终于在数值天气预报的诞生中得到了体现。而 20 世纪 60 年代末卫星时代的到来,观测信息开始迅速增多。以往无法系统详细观测的区域,如海洋和极地,都可以用卫星进行观测。正是由于从卫星观测数据中获得地球物理参量的迫切需求,催生了卫星遥感科学。此外,全球观测数据的丰富进一步促进了数值天气预报,尤其是数据同化系统的发展。数据同化系统可以实现不同来源(包括地面观测、卫星反演等)海量数据的有效融合,并为数值天气预报模式提供更加平衡和真实的初始条件。更重要的是,卫星提供的全球视角更加强化了地球作为一个复杂整体的认知。也正是由于这种系统观念的确立,在认识复杂的地球系统过程中,经典的单向线性因果关系被复杂的非线性反馈关系所取代。

地球系统科学正式出现于 20 世纪的最后 25 年,其标志是实现了从单一学科、线性和低维度形态向多学科、高维和非线性形态的过渡。在确定性研究方面,从大气、海洋、陆面和其他各种相关的地球物理数值预测(预报)模型的简单集合,发展成为大气、海洋、陆面、冰等多系统耦合的数值模式,实现不同系统间多种交互反馈机制的再现与集成。与此同时,统计研究方面则实现了从经典线性、低维和参数化方法向非线性、高维和非参数统计框架的转换。这种新的统计框架不仅可以为地球系统的子系统提供足够的模型复杂度,还可以为不同应用场景提供有针对性的模型样式。当然,这种新的统计框架仍在发展中,有许多不同的表现形式,其中神经网络方法是目前最流行、最成熟的工具之一,在地球系统科学的不同领域中得到了广泛的应用。

1.3 神经网络在地球系统科学中的应用

神经网络是一种相对较新的计算智能方法或统计学习技术,具有多样化和功能强大的特征。自从 Kohonen(1982)、Hopfield(1982)、Rumelhart 等(1986)和 Lippmann(1989)的著作中介绍了几种主要的神经网络基本类型之后,这种方法在 20 世纪 80 年代中期开始迅速发展。90 年代已趋于成熟,出版了一系列体系完整的基础教科书(Beale and Jackson,1990;Haykin,1994;Bishop,1995;Vapnik,1995;Ripley,1996;Cherkassky 和 Mulier,1998)。这些经典教科书将神经网络作为一种新的强大统计研究方法进行系统介绍,同时详细分析了其在不同的应用场景中提供的大量可移植、多维度、非线性的数据驱动模式。这种方法吸引了许多不同领域研究者的关注,包括在地球系统科学领域内工作的科学家,如卫星遥感、气象学、海洋学、水文学和天气气候数值模拟等。

实际上,目前神经网络技术在上述领域已经得到了非常广泛的应用。表 1.1 中列举了神经网络技术在地球系统科学领域的主要应用方向。篇幅所限,表 1.1 中没有提供相关所有出版物的完整列表,仅以代表性文献或出版物的形式列出。对某个领域具体应用情况感兴趣的读者,可以查阅已发表的几篇综述类论文,如 Gardner 和 Dorling(1998)、Hsieh 和 Tang(1998)、Krasnopolsky(2007)、Haupt 等(2009)和 Hsieh(2009)的书中,对大气和海洋领域中神经网络的应用进行了梳理。Krasnopolsky 和 Chevallier(2003)以及 Krasnopolsky 和 FoxRabinovitz(2006a)也对神经网络在大气、海洋和气候方面的应用进行了回顾。在遥感应用梳理方面,Atkinson 和 Tatnall(1997)主要针对遥感专家系统的研发,而 Krasnopolsky 和 Schiller(2003)则主要集中在神经网络算法开发方面。Hsieh(2004,2009)综述了神经网络技术在多元统计分析的非线性模型方面的应用,Solomatine 和 Ostfeld(2008)则回顾了水文神经网络的应用。

从表 1.1 可以看出,各种各样的神经网络应用已经在不同的地球系统科学领域发展起来。这些应用利用了不同类型的神经网络模型。如果选择一组这样的应用来深入学习,可以从不同角度来进行。而本书的目标是希望成为一本教程,而不是仅仅对某一个地球系统科学神经网络系统的应用进行解析。因此,我们将选择其中一些兼具实用性和启发性的应用,集中介绍这些应用的理论基础和实现方法。

表 1.1　神经网络在天气、气候以及相关领域的典型应用

序号	神经网络应用	出版物
卫星气象学和海洋学		
Ⅰ.1	分类	Gallinari 等(1991);Bhattacharya 和 Solomatine(2006)
Ⅰ.2	模式识别,特征提取	Bankert(1994)和 Nabney(2002)
Ⅰ.3	变化检测和特性跟踪	Vald'es 和 Bonham-Carter(2006)
Ⅰ.4	变分反演的快速正向模型	Krasnopolsky(1996,1997)
Ⅰ.5	*精确传输函数(反演算法)*	
	Ⅰ.5.1 地面参数	Stogryn 等(1994);Badran 等(1995); Krasnopolsky 和 Schiller(2003)
	Ⅰ.5.2 大气廓线	Aires 等(2002);Mueller 等(2003)
Ⅱ. 预报		
Ⅱ.1	地球物理参量的时间序列	Elsner 和 Tsonis(1992);Bollivier 等(2000)
Ⅱ.2	区域和全球气候	Pasini 等(2006)
Ⅱ.3	物理过程的时间变化	Wu 等(2006)
Ⅲ. 天气气候耦合模式和数据同化系统		
Ⅲ.1	*物理过程的耦合参数化*	Chevallier 等(1998)
Ⅲ.2	*耦合气候模式*	Krasnopolsky 和 Fox-Rabinovitz(2006b)
Ⅲ.3	*模式物理过程的快速仿真*	Krasnopolsky 等(2002,2010)
Ⅲ.4	*基于神经网络的模式物理过程参数化*	Krasnopolsky 等(2011)
Ⅲ.5	*直接同化的快速正向模型*	Krasnopolsky(1996,1997)
Ⅲ.6	*构建数据同化中不同高度和不同参数的观测算子*	Krasnopolsky 等(2006)
Ⅲ.7	*耦合模式*	Tang 和 Hsieh(2003)
Ⅳ. 预报结果改进		
Ⅳ.1	模式输出统计	Marzban(2003)
Ⅳ.2	*基于神经网络的多模式集合*	Krasnopolsky 和 Lin(2012)
Ⅴ. 地球物理数据融合		Loyola 和 Ruppert(1998)
Ⅵ. 地球物理数据挖掘		Brown 和 Mielke(2000)
Ⅶ. 插值和降尺度		Dibike 和 Coulibaly(2006);Benestad 等(2008)
Ⅷ. 非线性多元统计分析		Hsieh(2004,2009)
Ⅸ. 水文学		Bhattacharya 等(2005);Solomatine 和 Ostfeld(2008)
Ⅹ. 磁层和电离层物理学		Vörös 和 Jankovicǒvá(2002);Tulunay 等(2004)

　　本书选择了用来深入讨论分析的神经网络应用是基于一种特殊的神经网络技术——多层感知器(The Multilayer Perceptron:MLP)(Rumelhart et al.,1986)。从数学角度来看,这种技术能够实现复杂、多维的非线性映射,具有非常好的普适性和通用性。由于地球系统内各子系统均具有复杂、多维的非线性特征(表 1.1),因此这种技术在地球系统科学领域中得到广泛的应用。为了使讨论和分析更为集中,本书主要选择了由原作者参与开发的应用作为具体案例,这些案例在表 1.1 中用斜体进行了标注。

　　第 2 章是神经网络方法的背景介绍,主要讲述了复杂非线性映射的概念和主要性质。该章将 MLP 神经网络作为一种近似非线性连续和几乎连续映射的通用技术引入。然而由于目前对复杂多维非线性映射和高度非线性近似方法(如 MLP 神经网络)的理论理解仍然很不完整(DeVore,1998),因此第 2 章的内容在理论分析结果的基础上,增加了数值实验结果和 MLP 技术在实际问题中应用的结果。第 2 章的内容对于理解神经网络技术和本书的其他章节具有非常重要的作用。出于对全书整体结构的考虑,将后面几章涉及的理论知识和技术背景均放在在第 2 章。第一次阅读时,这些内容理解起来可能会有些抽象。因此,强烈建议读者在阅读本书其余章节并对神经网络技术有了更深理解后,返回第 2 章进行再消化,可以达到理论知识与实践应用相互印证的效果。为了帮助读者更好理解,本书将第 2 章与后续章节相关内容进行了相互引证,可以让读者在阅读应用部分时能够回到第 2 章来强化背景信息。

第 3 章将讨论神经网络的遥感应用,即对卫星遥感中正问题和反问题的模拟方法。第 4 章则主要讨论如何利用神经网络技术在大气、海洋、海浪等模式中构建准确、快速的物理参数化模型,将神经网络方法与确定性物理模型相结合进行耦合模式开发,以及开发新的基于神经网络的物理模式参数化模型的可能性。

第 4 章具体介绍了一种针对高分辨率大气和海洋数值模型的数值模式输出中经常被模糊的函数和映射所建立的神经网络仿真应用。这类神经网络仿真模型有助于建立新型的数据同化系统。

在第 4 章的基础上,第 5 章梳理了神经网络的集合方法,该方法能够增强模型预测能力,提高神经网络仿真的准确性,同时减少神经网络雅可比矩阵的不确定性。

第 6 章是结论。从目前来看,神经网络作为统计学习技术中最为实用的工具,可以解决本书中讨论的大多数问题,而且在模拟复杂多维映射方面具有很好的普适性和通用性。为了完整起见,在 6.2 节中,书中简要介绍了一些具有应用价值的计算智能技术,并给出了一些初步结果(Belochitski et al.,2011)。

参考文献

Ahl V,Allen T F H,1996. Hierarchy theory:A vision,vocabulary,and epistemology. Columbia University Press,New York.

Aires F,Rossow W B,Scott NA,Chedin A,2002. Remote sensing from the infrared atmospheric sounding interferometer instrument:2 simultaneous retrieval of temperature,water vapor,and ozone atmospheric profiles. J Geophys Res. doi:10.1029/2001JD001591.

Atkinson P M,Tatnall A R L,1997. Neural networks in remote sensing-introduction. Int J Remote Sens 18(699):709.

Badran F,Mejia C,Thiria S,Crépon M,1995. Remote sensing operations. Int J Neural Syst 6:447-453.

Bankert R L,1994. Cloud pattern identification as part of an automated image analysis //Proceedings of the seventh conference on satellite meteorology and oceanography. Monterey,CA,6-10 June:441-443.

Beale R,Jackson T,1990. Neural computing:An introduction. Adam Hilger,Bristol/Philadelphia/New York.

Belochitski A P,Binev P,DeVore R,et al.,2011. Tree approximation of the long wave radiation parameterization in the NCAR CAM global climate model. J ComputAppl Math 236:447-460.

Benestad R E,Hanssen-Bauer I,Chen D,2008. Empirical-statistical downscaling. Singapore:World Scientific Publishing Company.

Bhattacharya B,Solomatine DP,2006. Machine learning in soil classification. Neural Netw 19:186-195.

Bhattacharya B, Price R K, Solomatine DP, 2005. Data-driven modelling in the context of sediment transport. Phys Chem Earth 30:297-302.

Bishop C M,1995. Neural networks for pattern recognition. Oxford University Press,Oxford.

Bollivier M,Eifler W,Thiria S,2000. Sea surface temperature forecasts using on-line local learning algorithm in upwelling regions. Neurocomputing 30:59-63.

Brown T J,Mielke P W,2000. Statistical mining and data visualization in atmospheric sciences.

Kluwer Academic Publishers,Boston.

Cherkassky V,Mulier F,1998. Learning from data. Hoboken:Wiley.

Chevallier F,Chéruy F,Scott NA,et al,1998. A neural network approach for a fast and accurate computation of long wave radiative budget. J Appl Meteor 37:1385-1397.

DeVore R A,1998. Nonlinear approximation. Acta Numerica 8:51-150.

Dibike Y B,Coulibaly P,2006. Temporal neural networks for downscaling climate variability and extremes. Neural Netw 19:135-144.

Elsner J B,Tsonis A A,1992. Nonlinear prediction,chaos,and noise. Bull Ame Meteor Soc 73:49-60.

Fisher R A,1922. On the mathematical foundations of theoretical statistics. Philos Trans R Soc A222:309-368.

Gallinari P,Thiria S,Badran F,et al,1991. On the relations between discriminant analysis and multilayer perceptrons. Neural Netw 4:349-360.

Gardner M W,Dorling S R,1998. Artificial neural networks(the multilayer perceptron):A review of applications in the atmospheric sciences. Atmos Environ 32:2627-2636.

Haupt S E,Pasini A,Marzban C,2009. Artificial intelligence methods in environmental sciences. Springer,New York.

Haykin S,1994. Neural networks:a comprehensive foundation. New York:Macmillan College Publishing Company.

Hopfield J J,1982. Neural networks and physical systems with emergent collective computational ability. Proc Natl Acad Sci USA 79:2554-2558.

Hsieh W W, 2004. Nonlinear multivariate and time series analysis by neural network methods. Rev Geophys. doi:10. 1029/2002RG000112.

Hsieh W W,2009. Machine learning methods in the environmental sciences. Cambridge:Cambridge University Press.

Hsieh W W,Tang B,1998. Applying neural network models to prediction and data analysis in meteorology and oceanography. Bull Am Meteor Soc 79:1855-1870.

Kohonen T,1982. Self-organizing formation of topologically correct feature maps. Biol Cybern 43:59-69.

Krasnopolsky V,1996. A neural network forward model for direct assimilation of SSM/I brightness temperatures into atmospheric models //Working group on numerical experimentation blue book. 1. 29-1. 30. http://polar. ncep. noaa. gov/mmab/papers/tn134/OMB134. pdf.

Krasnopolsky V,1997. A neural network based forward model for direct assimilation of SSM/I brightness temperatures. Tech note,OMB contribution No 140,NCEP/NOAA. http://polar. ncep. noaa. gov/mmab/papers/tn140/OMB140. pdf.

Krasnopolsky V M,2007. Neural network emulations for complex multidimensional geophysical mappings:Applications of neural network techniques to atmospheric and oceanic satellite retrievals and numerical modeling. Rev Geophys 45(3):RG3009. doi:10. 1029/2006RG000200.

Krasnopolsky V M,Chevallier F,2003. Some neural network applications in environmental sciences Part II: Advancing computational efficiency of environmental numerical models. Neural Netw 16:335-348.

Krasnopolsky V M, Fox-Rabinovitz MS, 2006a. Complex hybrid models combining deterministic and machine learning components for numerical climate modeling and weather prediction. Neural Netw 19:122-134.

Krasnopolsky V M, Fox-Rabinovitz MS, 2006b. A new synergetic paradigm in environmental numerical modeling: Hybrid models combining deterministic and machine learning components. Ecol Model 191:5-18.

Krasnopolsky V M, Lin Y, 2012. A neural network nonlinear multimodel ensemble to improve precipitation forecasts over continental US. Adv Meteor 11 pp, Article ID 649450, doi:10. 1155/2012/649450. http://www. hindawi. com/journals/amet/2012/649450/.

Krasnopolsky V M, Schiller H, 2003. Some neural network applications in environmental sciences. Part I: Forward and inverse problems in satellite remote sensing. Neural Netw 16:321-334.

Krasnopolsky V M, Chalikov D V, Tolman H L, 2002. A neural network technique to improvecomputational efficiency of numerical oceanic models. Ocean Model 4:363-383.

Krasnopolsky V M, Lozano C J, Spindler D, et al, 2006. A new NN approach to extract explicitly functional dependencies and mappings from numerical outputs of numerical environmental models //Proceedings of the IJCNN2006. Vancouver, BC, Canada, 16-21 July:8732-8734.

Krasnopolsky V M, Fox-Rabinovitz M S, Hou Y T, et al, 2010. Accurate and fast neural network emulations of model radiation for the NCEP coupled climate forecast system: climate simulations and seasonal predictions. Mon Wea Rev 138:1822-1842. doi:10. 1175/2009 MWR3149. 1.

Krasnopolsky V, Fox-Rabinovitz M, Belochitski A, et al, 2011. Development of neural network convection parameterizations for climate and NWP models using cloud resolving model simulations. NCEP office note 469. http://www. emc. ncep. noaa. gov/officenotes/ newernotes/on469. pdf.

Lawton J, 2001. Earth system science. Science. doi:10. 1126/science. 292. 5524. 1965.

Lippmann R P, 1989. Pattern classification using neural networks. IEEE Commun Mag, 27:47-64.

Loyola D, Ruppert T, 1998. A new PMD cloud-recognition algorithm for GOME. ESA Earth Obs Q 58:45-47.

Marzban C, 2003. Neural networks for postprocessing model output: ARPS. Mon Wea Rev 131:1103-1111.

Meadows D H, 2008. Thinking in systems: A primer. Vermont: Chelsea Green Publishing Company.

Mueller M D, et al, 2003. Ozone profile retrieval from global ozone monitoring experiment data using a neural network approach(Neural Network Ozone Retrieval System(NNORSY)). J Geophys Res 108:4497. doi: 10. 1029/2002JD002784.

Nabney I T, 2002. Netlab: Algorithms for pattern recognition. Springer, New York.

Pasini A, Lorè M, Ameli F, 2006. Neural network modelling for the analysis of forcings/temperatures relationships at different scales in the climate system. Ecol Model 191:58-67.

Richardson L F, 1922. Weather prediction by numerical process. Cambridge University Press, Cambridge.

Ripley B D, 1996. Pattern recognition and neural networks. Cambridge: Cambridge University Press.

Rumelhart D E, Hinton G E, Williams R J, 1986. Learning internal representations by error propagation // RumelhartDE, McClelland JL, Group PR. Parallel distributed processing, vol 1. Cambridge, MA: MIT Press.

Salthe S N, 1985. Evolving hirchical systems their structure and representation. New York: Columbia University Press.

Solomatine D, Ostfeld A, 2008. Data-driven modeling: Some past experiences and new approaches. J Hydroinform 10(1):3-22.

Stogryn A P, Butler C T, Bartolac T J, 1994. Ocean surface wind retrievals from special sensor microwave imager data with neural networks. J Geophys Res, 90:981-984.

Tang Y, Hsieh W W, 2003. ENSO simulation and prediction in a hybrid coupled model with data assimilation. J Meteor Soc Japan 81:1-19.

Tulunay Y,Tulunay E,Senalp E T,2004. The neural network technique-2:An ionospheric example illustrating its application. Adv Space Res 33:988-992.

Valdés J J,Bonham-Carter G,2006. Time dependent neural network models for detecting changes of state in complex processes:Applications in earth sciences and astronomy. Neural Netw,19:196-207.

Vapnik V N,1995. The nature of statistical learning theory,New York:Springer.

von Bertalanffy L,1950. An outline of general system theory. Br J Philos Sci,1:139-164.

Vörös Z,Jankovičová D,2002. Neural network prediction of geomagnetic activity:A method using Hölder exponents. Nonlinear Processes Geophys,9:425-433.

Wilber K,1995. Sex,ecology,spirituality:The spirit of evolution. Boston:Shambhala Publication.

Wu A,Hsieh W W,Tang B,2006. Neural network forecasts of the tropical Pacific sea surface temperatures. Neural Netw,19:145-154.

第 2 章 映射和神经网络

如果没有那一小部分抽象,科学不可能存在。

——Max Karl Ernst Planck,《从现代物理学角度看宇宙》

科学的目的在于把复杂的东西简单化。

——William James,《心理学原理》

摘要

本章主要讨论映射和多层感知器(MLP)神经网络的原理和应用。以时间序列预测、查找表插值、卫星反演和模型物理过程的快速仿真等真实场景应用为例,详细阐述了这类复杂、非线性多维映射的处理过程。而在分析神经网络仿真技术的优势及其应用限制的基础上,还演示了如何设计各种方法来避免或减少这些限制。本章还列举了大量参考文献,为有兴趣深入了解背景知识和技术细节的读者提供帮助。本章可以作为学生的教科书和入门阅读,也可以为有兴趣学习在不同学科领域应用神经网络技术模拟各种复杂的、非线性多维映射的高级研究者提供理论支撑。

所谓映射,可以理解为输入向量(X)与输出向量(Y)之间的关联矩阵(M),其形式可表示为:

$$Y = M(X) \qquad X \in \Re^n, Y \in \Re^m \tag{2.1}$$

其中,n 和 m 分别表示输入和输出空间的维数。因此,地球科学系统内绝大部分重要的实际应用场景都可以从数据角度理解为如上式的映射关系。需要注意的是,根据非线性逼近理论(DeVore,1998),当利用神经网络技术来近似(或模拟)这种映射时,我们称其为目标映射。

目标映射可以被显式表达,也可以隐式表达。当目标映射由基于物理规律和/或经验归纳的方程组(如辐射传输方程、热传导方程等),或者以计算机程序的形式来表现,则可以归为显式表达。当目标映射由观测、测量、数值模拟等数据记录的集合来反映和生成,则归为隐式表达。

本章主要讨论映射的基本概念特征,以及 MLP 神经网络的原理和应用。在 2.1 节中,介绍了时间序列预测、查找表插值、卫星反演和模型物理过程的快速仿真等真实场景的应用实例,阐述了这类复杂、非线性多维映射的处理过程。2.2 节则讨论了映射最重要的泛型属性,而 MLP 神经网络的具体应用则在 2.3 节中进行了详细介绍。2.4 节在分析神经网络仿真技术的优势及其应用限制的基础上,演示了如何设计各种方法来避免或减少这些限制。2.5 节主要讨论了神经网络仿真的特殊性质,2.6 则对此提出了一些意见和建议。

2.1　映射

2.1.1　时间序列预测

时间序列预测可以理解为过去与未来之间的映射（Elsner and Tsonis,1992;Bollivier et al.,2000;Maas et al.,2000）。因此,输入向量 X 可以理解为一个滞后向量,由变量 x 的 k 个过去的时间序列的值组成,表达为 $X = \{x_{t-k}, x_{t-k+1}, \cdots, x_t\}$;输出向量 $Y = \{x_{t+1}, x_{t+2}, \cdots, x_{t+p}\}$,可以理解为变量 x 未来 p 个时次的真实值或预测值。在这种情况下,向量 X 和 Y 的分量可能作为代表同一基本过程、同一时间序列的序列项而显著相关。根据时间序列所表示的过程的性质,目标映射（M）可能是线性的或非线性的（例如在一个混沌过程的情况下）（Elsner and Tsonis,1992）。Weigend 和 Gershenfeld（1994）详细讨论了用神经网络预测将时间序列作为一种映射来进行预测。

2.1.2　查找表

查找表的应用非常广泛,通常用来加速如方程（2.1）所示的复杂映射的计算。查找表使用简单的数组索引操作来替换运行计算,也就是说可以直接从内存中读取数据而不需要重新运算。由于从内存中检索值通常比进行计算速度更快,因此使用查找表可以显著节省处理时间。但是为了创建查找表,需要对输入向量 X 进行离散化并建立 n 维网格,随后基于这个离散 n 维网格对映射进行预处理。

例如,在某些数值气候和天气预报模型中,大气的气溶胶属性能够用与时间相关的 3-D 查找表表示,可写为:

$$y_i^{jklp} = M_i(\lambda_j, \mu_k, h_l, t_p) = \overline{M}_i(j, k, l, p)$$

其中,$\overline{M}$ 表示查找表,$i = 1, 2, 3$ 表示气溶胶光学厚度、单次散射反照率和非对称参数。λ 和 μ 分别表示纬度和经度,h 表示高度,t 表示时间。模型所有参量均为四维网格中的离散量,网格索引量的范围为:$j = 1, \cdots, J; k = 1, \cdots, K; l = 1, \cdots, L; p = 1, \cdots, P$。其中时间索引 p 的取值范围为 1 至 12（$P = 12$）,这是由于在此模型仅考虑气溶胶参数随月份的变化。

为了计算得到组成特定参数集 $Y = (\lambda, \mu, h, t)$ 的 y 值,需要在给定索引值（j, k, l, p）后,得到近似于（$\lambda_j, \mu_k, h_l, t_p$）的（$\lambda, \mu, h, t$）,并从历史信息中反演得到 $\overline{M}_i(j, k, l, p)$。如果网格比较稀疏,即 J, K, L 和 P 的值均较小,则查找表比较简单,计算过程也很快,但是计算结果的时空分辨率也较低。当网格非常精细,计算精度可以提高,但是需要反演和检索一个庞大的列表 $\overline{M}_i$,此时需要的计算时间会达到甚至超过直接计算 $\overline{M}_i$ 的时间。因此有时会采用粗查表与插值相结合的方法来提高分辨率,同时不过多增加计算时间。当然使用插值可以在两个预先计算的量值间得到更细的网格分布量,但是这也需要花费额外的时间,且不同的插值方法会对结果的准确性（或与模型的匹配程度）造成影响。因此,建立有效的查找表模型的关键点就是要平衡计算速度与计算精度的关系。

针对特定需求构建查找表时,首先需要根据以下两个基本限制来控制查找表的复杂度。一是可用内存量。虽然可以用增加搜索或查找时间来构造基于磁盘的查找表,但显然不可能支撑一个超过内存空间上限的查找表。二是检索时间。由于检索时间会随着映射维数的增加而迅速增大（式（2.1））,同时模型应用场景的时效性对计算时间的长度进行了限制,因此也就限制了查找表的复杂程度。

由于神经网络能够在不需要检索的情况下提供快速准确的插值,因此可以作为快速分析查找表进行应用。例如,Vann 和 Hu(2002)运用神经网络替代查找表算法,直接模拟和构建查找表,并从卫星遥感观测信息中反演得到大气属性。从研究结果来看,神经网络大幅度提升了计算速度,同时这种效果随着输入向量维数 n 的增加显得更为明显。根据 Vann 和 Hu(2002)的检验数据,当输入向量维数 $n=2$ 时,神经网络的计算速度较查找表提升了 100 倍;而当 $n=6$ 时,计算速度则提升了 10^4 倍。值得注意的是,在输入向量的低维数情况下,计算速度的提升也非常明显,因此神经网络不仅能够对查找表进行模拟,还可以实现对查找表的反演。

2.1.3 卫星遥感

卫星遥感也是映射的重要应用场景之一。卫星遥感领域的映射可以理解为卫星遥感过程中的一个反演算法(或传输函数),它可以将卫星测量的输入向量 X 转化为地球物理参数向量 Y。卫星测量的输入向量包括由不同频段观测得到校准或原始辐射、亮温、后向散射系数等;而地球物理参数向量则包括如风速、大气湿度、海洋和陆地表面特征等。由卫星观测的频段可能不是完全独立的,甚至还会出现重叠,因此输入向量 X 中各分量极有可能是相互关联的。而地球物理参数取决于地球系统中的物理过程,因此输出向量 Y 也可能存在较强的相关性(Krasnopolsky et al.,1999,2000)。因此,卫星遥感的目标映射属于复杂的非线性映射,其方法和应用将在第 3 章具体介绍和讨论。

2.1.4 气候系统仿真

在第 1 章中,我们提到地球系统中的任何子系统都可以认为是同样具有高度复杂非线性特征的输入向量和输出参数向量的关系,其数学表达即为映射(见式(2.1))。因此,输入和输出向量的关系体现子系统与地球系统及其他子系统的信息交换过程。

图 2.1 给出了用于气候预测和模拟的基本环流(或气候)模型(GCM)的结构层次,可见大气环流模式具有复杂的多层次结构特征(见 1.1 节)。图中显示了 5 层结构,第 1 层代表大气环流模式的主要组成部分,即海洋模式、大气模式、陆面模式和冰层模式。为了清晰展示结构深度,图中仅给出了大气模式的主要分支结构以及大气系统下级的各层次子系统(图 2.1 中方框所示)。实际上图 2.1 中任何层次的子系统的映射都可以利用适当的神经网络进行建模或模拟,其中斜体字标注的子系统(如短波辐射、长波辐射、对流、辐射传输等)已经开始引入神经网络建模或仿真。

厄尔尼诺-南方涛动(El Niño-Southern Oscillation;ENSO),是指发生于赤道东太平洋地区的风场和海面温度之间的相互振荡,是低纬度的海-气相互作用现象,在海洋方面表现为厄尔尼诺-拉尼娜的转变,在大气方面表现为南方涛动。Tang 和 Hsieh(2003)使用同时包含大气和海洋子系统的气候系统模型对 ENSO 过程进行研究时发现,运行耦合的大气海洋模式的计算代价是非常大的,尤其当加入了多个模式的集合。因此,为了降低计算成本,他们将气候系统中的大气系统分量作为一种映射,并利用神经网络的方法开发了相应的非线性快速模型对其进行模拟。

从图 2.1 中可以看出,在大气环流模式的第三、第四和第五层中,大气系统内各子系统中很多方面引入了神经网络技术,如第四层天气或气候模式中普遍采用的短波辐射、长波辐射、对流等物理参数化过程。本书将在第 4 章对这些应用进行详细讨论,同时增加海洋系统中的

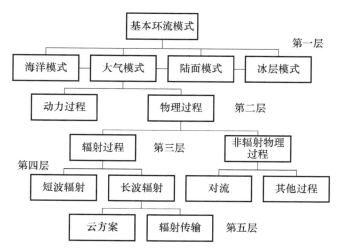

图 2.1 通用基本环流模式的结构(为了适应二维显示,省略了部分同一层次子系统之间以及各层次之间的交互关系)

神经网络技术应用。大气长波辐射是其中的典型应用代表(具体内容可参见第 4 章)。大气长波辐射参数化过程实际上可以视为由大气状态变量组成的输入向量 X 与输出向量 Y 的映射。其中输入向量 X 可以包括温度、湿度、臭氧浓度等与高度相关的物理量函数,也可以包括一些地球表面的特征参量;而输出向量 Y 则通常由高度-长波加热速率和热量通量组成的函数组成。在这种情况下,由于向量 X 和向量 Y 中的部分物理量具有与高度相关的连续变化函数的特征,相对应的这种映射表现为函数映射关系,而不是如式(2.1)表达的向量到向量的映射。通过在垂直网格上离散这些函数,就可以将连续函数转换为具有垂直分布特征的有限向量,从而将函数映射转换为向量映射。与之前的情况相似,大气长波辐射参数化也涉及向量 X 和向量 Y 的显著相关性问题,其原因一方面是本身物理过程上是相关的,另一方面由于这些向量是基于相同连续函数的垂直离散得到的,同时又表现出紧密分布的特征。由此可见,由于大气辐射过程的复杂、非线性特征,其目标映射也表现出高复杂性和强非线性。如果再考虑大气系统中高度非线性的水汽作用,这种目标映射会表现出连续或准连续特征,由此可能涉及有限数量的不连续点(如阶梯函数)的表达。

2.2 映射的基本属性

从数学角度上来看,具有多维非线性特征的目标映射(式(2.1))是非常复杂的,其中包含了许多有待进一步研究和认识的问题。在 2.1 节中列举了四个典型应用之后,本节主要讨论映射的基本属性,以及与神经网络应用相关的原理和方法。

2.2.1 映射的维数、区域和值域

目标映射的第一个基本属性是映射维数。根据式(2.1),映射一般具有两维特征,即输入空间 $\Re^n$ 的维数 n 和输出空间 $\Re^m$ 的维数 m。与前文涉及的表述一致,本书中仅考虑向量 X 和 Y 的映射,同时它们都由实数分量组成,因此输入空间和输出空间都是实向量空间。

目标映射的第二个基本属性是映射区域。事实上,输入向量 X 仅分布在输入空间 $\Re^m$ 的

部分区域中,这部分区域则被称为映射区域,用 D 来表示。映射区域 D 是由其应用场景决定的,因此分析映射区域的分布及特征有助于理解应用场景,并选择合适的神经网络来进行训练和使用(Bishop,1995)。假定将输入向量 X 的所有元素均标准化到[−1,1]的范围内,此时输入空间 $\Re^n$ 的量级达到 2^n,即与维数 n 表现为指数型增长的关系。而在数值计算中,一旦输入空间在每一个维度上按 K 值进行网格离散,其数值计算将以 K^n 的形态表现为更为快速的增长。也就是说,为了在输入空间的 K^n 个网格单元上表征映射,需要建立一个指数级大小的训练集,以确保每个网格单元至少包含一个数据。而随着输入空间维数的增加,数据量呈指数增长,这通常被称为维度灾难(Bishop,1995;Vapnik and Kotz,2006)。

与此同时,由于物理和统计研究的限制,输入向量 X 中各元素通常表现出相互关联或多重共线的特征(Aires et al.,2004b),这种特征会同时产生正面和负面的影响(见 2.3.4 和 2.4.2 节)。正面影响表现在这些相互关联特征能够有效减少映射区域 D 的大小,甚至是维度。从负面影响来看,这种高相关和多共线性提高了确定映射区域 D 的实际形状和有效维数的难度,导致难以对映射域 D 进行充分采样,从而使得确定模拟目标映射的最优神经网络结构变得非常困难。

目标映射的第二个基本属性是映射值域。由于输出向量 Y 中各元素也是相互关联的,因此输出向量 Y 通常也只能覆盖输出空间 $\Re^m$ 的一小部分,我们把输出向量 Y 覆盖的这一部分称为值域,用 R 来表示。理解值域的形式能够保证模型测试的准确性,同时为选择适宜神经网络近似来模拟应用场景的目标映射提供参考。为了帮助读者更好地理解映射关系式(2.1),及其与区域 D、值域 R 的关系,图 2.2 给出了投影基本属性及其相互关系的示意图。

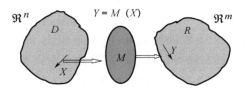

图 2.2　投影基本属性及相互关系示意图,
其中包括投影函数 M、输入向量 X、输出向量 Y、区域 D 和值域 R

2.2.2　映射的复杂度

映射复杂度也是映射的基本属性,同时也是对本书后续介绍的应用场景具有重要影响的映射属性之一。从概念上理解,映射复杂性是非常直观清晰的。映射 M 对输入向量 X 执行转换,以产生输出向量 Y,这个转换过程都会存在或多或少的复杂性。然而当需要从量化程度上更精确地定义复杂度时,不可避免会地遇到定性和定量在本质界定上模糊不清的问题。关于这个问题,有兴趣的读者可以查阅 Reitsma(2001)和其中的参考文献。Reitsma(2001)给出了不少于 30 种关于复杂度的定性定义。对于其中一些定义,后期也有学者提出了相应的定量定义(Cilliers 2000;Gell-Mann and Lloyd 1996)。

根据本书 2.1 节中介绍的四种映射应用场景,我们可以至少建立 4 种不同的方式来定义映射复杂度。在这些应用场景中,目标映射是基于基本原理或者描述物理过程及其相互作用(如大气辐射过程)的认识给出的规律性数学表达。因此,可以根据映射所描述的物理过程层次结构的复杂程度来定义或分析映射表达式(2.1)的物理复杂度。在此基础上,还可以通过分析物理过程数量以及这些过程层级结构中涉及的层级结构的数量(即为 1.1 节中的层级复杂度），来定义物理复杂度的定量或半定量特征。

将这种物理过程的映射表达为数学形式后，就可以定义映射表达式（2.1）相应的数学映射复杂度。定量或者半定量数学复杂度可以用描述物理过程的方程数量、方程形式和方程的维数来定义。其中方程的形式可以包含线性/非线性、全/偏、微分方程、积分方程等特征。需要注意的是，这种数学复杂性的度量可能存在模糊性。这是由于对于某一特定的物理过程，经常存在基于基本原理的许多不同的且可以相互替代的数学表达。这就导致了即使描述同一物理系统，也会出现不同类型和数量的方程。也就是说，对于相同的目标映射，可能会得到几种不同的物理和/或数学复杂度估计。其中最典型的就是地球物理流体动力学中的欧拉与拉格朗日方程，以及量子力学中的薛定谔与海森堡方程。

复杂度的第三种定义方式是与数值运算有关的计算复杂度。这种复杂度是可以进行定量度量的，如计算给定向量 X 条件下的向量 Y 所需的基本数值运算量。由于这种度量方法与计算时间密切相关，因此其量值在衡量映射复杂度方面非常重要。然而，这种度量复杂度的方法也存在不确定性。即使对于同一组方程，由于采用不同的数值计算方案（如求解偏微分方程时可以采用有限差分法或变分法）可能会导致基本数值运算量出现显著差异。因此对于相同的映射，同样可以得到不同的数值计算复杂度的估计值。

第四种复杂度定义方式被称为函数复杂度，它描述了输出向量 Y 与向量 X 函数依赖关系的复杂程度，或者两者依赖关系的"平滑"程度。如果说前面讨论的 3 种复杂度定义（物理复杂度、数学复杂度和计算复杂度）方式取决于我们对于目标映射内部结构的认识的深度，第四种复杂度（函数复杂度）定义则是将映射复杂度作为一个整体性的单一基本对象，其作用就是将输入向量转换为输出向量。然而，即使在这种整体考虑的条件下，也没有实现对多维映射的功能复杂度进行有效度量。例如，对于一个单变量函数，可以用近似方法来度量函数的复杂性。假设 n 表示一个多项式的最小阶数，同时该多项式以期望的精度逼近函数，则可以认为该函数具有 n 阶多项式复杂度。但是在分析多维映射式（2.1）的函数复杂度时，近似方法很难直接应用，可以使用通用映射逼近器，如基于神经网络的 MLP。因此，当引入神经网络对目标映射进行模拟后，目标映射的复杂度可以用神经网络模拟器的复杂度来衡量。虽然这种方法看起来很吸引人，但它仍然需要对神经网络模拟器的复杂度进行明确的定义。本章 2.5 节将详细讨论神经网络模拟器复杂度的定义，以及如何在进行神经网络模拟后对映射函数的功能复杂度进行度量。然而在下一章应用场景介绍中会提到，实际应用中往往需要事先估计函数映射的复杂性，才能开发准确且合适的神经网络模拟器。此外，尽管映射维数 n 和 m 不能作为复杂度的明确度量，但是他们对所有类型映射复杂度的度量都有影响。

2.2.3　不适定问题的映射

在本书介绍的应用场景中，有些问题可以认为是连续映射。对于这类映射，如果输入向量 X 中存在微小扰动，会导致输出向量 Y 出现显著变化，也就是说连续映射是不稳定的，而这类问题属于广义不适定问题。在适定问题的情况下，通常存在解，且解是唯一、稳定的；而不适定问题则不存在满足上述所有条件的解（Vapnik，1995）。出现不适定问题的过程主要包括：①从观测的现象中找到未知的原因（如第 3 章卫星反演，以及地球系统科学中绝大部分的地球物理参量反演问题）；②从观测资料中获取某个模型参数的量值；以及③从低维投影中复原整体对象特征（如 5.2 节中估算神经网络的雅可比项）。对于不适定问题的映射，只要输入向量 X 中存在噪音，哪怕是低水平噪音，也会导致输出向量 Y 存在非常大的不确定性。因此，为了解决不适定问题，在求解过程中需要增加关于解的额外先验信息,也就是所谓解的正则化(Vapnik and Kotz,2006)。

2.2.4　随机的映射

在某些应用场景中,映射式(2.1)中常常包含一个具有随机性特征的内因。其产生原因包括映射描述的随机过程,映射数学表达式中采用的随机方法(如蒙特卡罗方法),或者描述该映射过程数据的不确定性等。因此,在考虑映射随机内因情况下,可以将式(2.1)改写为:

$$Y = M(\boldsymbol{X}, \varepsilon) \tag{2.1a}$$

其中,ε 表征随机变量的向量形式,用来反映映射的随机性质,即映射不确定性。进一步假设映射的随机部分是可叠加的,上式可简化为:

$$Y = M(\boldsymbol{X}) + \varepsilon \tag{2.1b}$$

值得注意的是,映射不确定向量 ε 反映了随机映射的内在信息,包含了关于映射的重要统计信息。因此,随机映射可以理解为一组具有分布函数特征的映射,而分布函数的范围和形状是由映射不确定向量 ε 决定的。关于随机映射将在 4.3.6 节和 5.2 节中具体介绍。

2.3　神经网络多层感知器:非线性映射模拟的通用工具

2.3.1　近似理论下的神经网络

最简单的神经网络多层感知器可以理解为针对目标映射的通用非线性分析近似方法或模型。因此,用来表达近似一组函数的神经网络多层感知器可记为:

$$y_q = NN(\boldsymbol{X}, \boldsymbol{a}, \boldsymbol{b}) = a_{q0} + \sum_{j=1}^{k} a_{qj} \cdot t_j \qquad q = 1, 2, \cdots, m \tag{2.2}$$

其中,

$$t_j = \phi\left(b_{j0} + \sum_{i=1}^{n} b_{ji} \cdot x_i\right) \tag{2.3}$$

式中,x_i 和 y_q 分别表示输入和输出向量中的元素;a 和 b 为拟合参数或神经网络权重参数;ϕ 表示所谓激活函数"压缩"函数(通常表现为双曲正切型非线性函数);n 和 m 即为输入和输出维数;k 表示非线性基本函数 t_j(如(2.3)式所示)的个数。方程(2.2)具有线性表达式特征,是基本函数 t_j 的线性集合,同时其系数 a_{qj}($q = 1, 2, \cdots, m$,$j = 1, 2, \cdots, k$)是该方程的线性系数。然而基本函数 t_j 与输入函数 x_i($i = 1, 2, \cdots, n$)、拟合系数 b_{ji}($j = 1, 2, \cdots, k$)之间均表现为非线性相关(见 2.4.1 节)。因此,基本函数与多拟合参数 b_{ji} 构成的非线性依赖关系 $\{t_j\}_{j=1,2,\cdots,k}$,是一组非常灵活的非正交基函数,在更好地模拟映射功能复杂度方面具有很大的应用潜力。研究表明,在不同应用场景下函数族(式(2.2)和(2.3))可以近似表达任何连续或准连续(具有有限数量和范围的有限间断分布,如阶梯函数)映射(Cybenko,1989;Funahashi,1989;Hornik,1991;Chen and Chen,1995a,1995b)。同时神经网络近似的准确性及其对目标映射细节的描述能力与基函数的数量 k 成正比(Attali and Pagès,1997)。

神经网络多层感知器本身就是一种特殊类型的映射,在这种情况下,神经网络映射的计算复杂度与功能复杂度是密切相关的,尤其是在神经网络模拟过程中(参见 2.5 节)。因此,神经网络映射的计算复杂度与功能复杂度可以用式(2.2)和(2.3)中拟合参数 a 和 b 的个数来表征。本书用 N_c 来表示这种神经网络多层感知器的复杂度,其表达式为:

$$N_c = k \cdot (n + m + 1) + m \qquad (2.4)$$

对于一组用给定的输入维数 n 和输出维数 m 逼近特定目标映射的神经网络模型,基函数的数量 k 是可以用来衡量神经网络模型复杂度的重要因子。同时神经网络模型复杂度也会随着输入空间维数 n(输入项数量)和输出空间维数 m(输出项数量)的增长而出现线性增长。

而对于每个神经网络输出项的权重可表示为:

$$n_c = N_c/m \qquad (2.4a)$$

它反映的是每个神经网络输出项与所有输入项之间的依赖关系的计算复杂度和功能复杂度。当比较具有不同输出项数的神经网络模型时(见 4.3.3 节"加速估计"),这种神经网络复杂度的度量就显得非常有用。

值得注意的是,当针对每一个映射输出 y_q 构建一个多项式近似,那么这个 P 阶多项式则具有 n^p 个未知的拟合参数(Bishop,2006)。因此,在多项式逼近的情况下,整个映射模拟的计算复杂度为 $m \times n^p$,表现为幂增长。幂增长虽然比指数增长慢,但也足以导致维数灾难。因此在实际情况中,多项式逼近对于多维函数和映射的模拟的应用是非常有限的。神经网络则很好地处理了维数灾难问题,同时由于前文提到的其对输入空间维数的线性依赖,即使对于高维映射,神经网络仍然具有很好的实用性。

2.3.2　神经网络基础

从传统意义上来说,神经网络自 McCulloch 和 Pitts(1943)创建以来,就采用一种类似数据流程图的形象化语言来表达。本节为了更好地讨论神经元的数学建模,图 2.4(a)给出了神经网络单元、基本函数 t_j 和神经元的概念图,其中激活函数选择的是阶梯函数。

在 Rumelhart 等(1986)引入多层感知器神经网络后,就开始构建整体神经网络的形象表达(如图 2.3)。在多层感知器神经网络中,神经元被分层排列。输入层可以理解为一个符号层。输入层的神经元不执行任何数值函数,它们只是简单地将输入分配给下面隐藏层中的神经元。隐藏层(可以有多个)通常由非线性神经元组成(如方程(2.3)和图 2.4(a)所示)。图 2.3 中带箭头的连接线表示神经网络的权重值,也就是用来表示拟合参数 a 和 b 的神经网络术语。

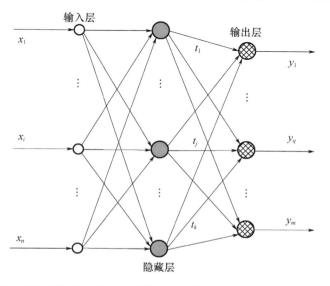

图 2.3　具有单个隐藏层和线性输出层神经元的简单神经网络多层感知器模型示意图

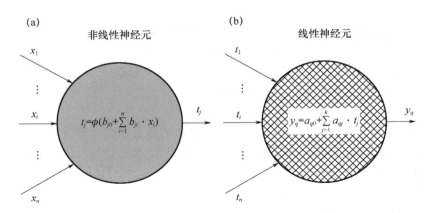

图 2.4　线性(b)和非线性(a)神经元。其中线性和非线性神经元的表达式分别为(2.2)式和(2.3)式

　　考虑最简单的多层感知器神经网络模型,它由一个隐藏层和带有线性神经元的输出层组成,这样的结构已经能基本满足描述任何连续(准连续)映射的近似(Cybenko,1989)。当然,为了针对特定问题(如,Hsieh,2004)或具体应用,可以引入多个隐藏层并且在输出层中加入非线性神经元。对于最简单的多层感知器神经网络模型,方程(2.2)和(2.3)与示意图(图 2.3 和图 2.4)之间存在一一对应的关系。但这并不意味着示意图(图 2.3 和 2.4)是多余的,这种形象表达可以揭示神经网络的拓扑结构,而这些结构恰恰无法用方程分析或者用方程推导来表示。虽然表示这类神经网络的结构无法用方程来描述,但是却可以翻译成计算机代码。

2.3.3　训练集

　　实际应用中,目标映射(式(2.1))通常在神经网络中表现为由 N 对输入向量 X 和输出向量 Y 组成的数据集(训练集),其数学表达式为:
$$C_T = \{X_p, Y_p\}_{p=1,\cdots,N} \tag{2.5}$$
其中,$Y_p = M(X_p) + \xi_p$,$X_p \in D$,$Y_p \in R$,ξ_p 表示与观测或计算概率密度函数 $\rho(\xi)$ 相关的任意误差。集合 C_T 同样可以表示为两个矩阵的组合,即:
$$C_T = \{C_X, C_Y\} \tag{2.5a}$$
其中,C_X 是由所有输入向量 X 组成的维数 $n \times N$ 矩阵,C_Y 是由所有输入向量 Y 组成的维数 $m \times N$ 矩阵。训练集可以理解为神经网络已知的所有针对目标映射的期望近似,因此,神经网络属于数据驱动(数据学习)方法中的一类(Cherkassky and Mulier,2007)。

　　由于数据集表征了利用神经网络技术对映射式(2.1)的解析,因此,它必须具备足够的代表性。这种代表性表现在:①训练集必须有足够的复杂度来表示目标映射的复杂度,从而使得神经网络能够达到目标映射近似的期望精度。②训练集需要有分布合理且足够数量的数据点,能够充分描述和解析目标映射的函数复杂度。③训练集的映射域 D 需具有适当采样的能力,即在目标函数映射不连续的区域具有更精细的分辨率,而在较为平滑的区域可适当降低分辨率。需要注意的是,在这种情况下,允许出现过采样情况,但不能出现欠采样。当数据集满足上述条件,同时输入向量之间的相关性能够降低高输入维数情况下的采样数量,有效减少映射域的实际大小和有效维数(见 2.2.1 节),但是仍然需要解决一个基本问题,就是应该如何准确衡量目标映射的平滑度(或复杂度)从而能够得到满足期望的近似结果(DeVore,1998)。

　　训练集的代表性是良性神经网络泛化(插值)以达到预期效果的必要条件之一。Kon 和

Plaskota(2001)提出了信息复杂度这一概念,为训练集的代表性或必要复杂度提供一种定性的衡量方法。信息复杂度是指在可接受的假设下构建神经网络近似所必需且足够的观测数量。在理想情况下,目标映射(式(2.1))的函数复杂度与神经网络近似(式(2.4))的复杂度、训练集(式(2.5))的信息复杂度(数据点的数量和分布)之间应该有对应关系。然而,对于大多数的实际应用场景,很难找到通用的方法来表达这种对应关系。目前,在文献中可以找到的唯一有用的关系是 $N > N_c$。这个关系式从统计意义上可以理解为模型中未知参数的个数(神经网络的权值数或神经网络近似的复杂度 N_c)不应超过训练集(式(2.5))中的数据点数 N。值得注意的是,如果在训练过程中使用正则化方法(见 2.3.7 节"过拟合和正则化"部分),则可以考虑出现 $N_c \geqslant N$ 的神经网络。

如上所述,训练集显然会出现一定程度的冗余。然而如果训练集中出现几乎相同的冗余数据记录,不仅不会改善神经网络的训练效果,反而会明显增加其训练时间。针对这种情况,许多学者提出了不同的方法来处理训练集的冗余情况。例如 Chevallier 等(2000)引入了一种抽样方法,即采用输入空间 $\Re^n$ 中的欧几里得距离或非欧几里得距离来消除训练集中几乎相同的记录。这种方法中,定义了一个相异指数(dissimilarity index),形式为:

$$D_n(X_i, X_j) = \| X_i - X_j \|$$

其中,$\| \cdots \|$ 表示输入空间 $\Re^n$ 中的范数。在输入空间 $\Re^n$ 中给定一个参考距离 d,当相异指数满足 $D_n > d$ 的数据记录才选入训练集。

本书考虑的所有地球系统应用场景中,通常有两种不同类型的数据,即观测数据和模拟数据。观测数据是基于观测得到,通常含有大量的观测噪声 ξ。需要注意的是,对于不适定的问题(见第 2.2.3 节和第 3 章),即使数据中有很小的噪声,也可能导致神经网络仿真中的巨大偏差。因此,对于观测数据,需要通过观测的设置、技术和条件来控制目标映射域的采样。在这种情况下,由于目标映射隐含地由可用的观测数据来表示,神经网络近似的精度及其解析目标映射的能力也受到观测设置、技术和条件的控制和限制。此外,由于观察到的数据除了将其与模型产生的模拟数据融合,通常很少能对其数据集进行改进或扩展,因此在使用观测数据时,需要注意数据质量控制和缺失数据处理(参见第 2.3.7 节,"缺失输入和输出"部分)的问题。

当目标映射(式(2.1))存在明确的基本原理或经验模型时,就可以建立相应的仿真模型并得到模拟数据集(式(2.5))。通过模拟数据,我们可以对目标映射域的采样(数据点的数量和分布)有更多的控制,因此,对神经网络的精度和仿真神经网络解析目标映射的能力有很大的影响。模拟数据的噪声水平通常低于观测数据的噪声水平。同时模拟数据本身是没有缺失数据,但是在某些应用场景中可能会出现类似于缺失数据的问题(见第 2.3.7 节中的"缺失输入和输出"部分)。原则上,可以使用适当的技术将模拟数据和观测数据合并或融合在一起,形成一个集成的数据集,前提是这种技术需要能够反映这两种数据类型的不同误差分布和统计特征。3.1.2 节就给出了一个利用数据同化系统进行数据融合的例子。

2.3.4　神经网络结构的选择

为了用多层感知器神经网络(式(2.2)和(2.3))近似一个特定的目标映射(式(2.1)),我们首先要选择神经网络的拓扑结构——即确定输入维数 n,输出维数 m,以及隐含层的神经元数(k)。对于每一个特定的问题,n 和 m 的值取决于目标映射的输入和输出维度(即输入和输出向量 X 和 Y)。在这里,我们把一个完整的映射(式(2.1))作为基本/单一对象,并对其功能(输入—输出关系)进行整体近似。这种方法在实际操作过程可以针对同一个近似,设计出多种神经网络近似的解决方案。因此,由方程(2.2)和(2.3)表达的多层感知器神经网络,可以表达为具有 m 个输出的单一神经网络、m 个单一输出的神经网络或者多个输出总数为 m 的多输出的神经网络。

由于设计简单,用单一神经网络近似目标映射是一种方便的解决方案,且当映射的输出和神经网络近似的输出显著相关时,它在计算加速方面也有很大的优势。当单个神经网络(式(2.2)和(2.3))有多个输出时,所有输出都是相同基函数 t_j 或隐藏神经元的不同线性组合。当输出数量相同时,输出特定数量的相关物理量比输出不相关的物理量所需的神经元要少。因此,在具有相关物理量输出的情况下,每一个多输出神经网络近似都具有较低的复杂度 N_c(式(2.4)),且在相同近似精度下,能够比一组 m 个单一神经网络具有更好的计算性能(Krasnopolsky and Fox-Rabinovitz,2006)。此外,单一神经网络近似结构的低复杂度,也会导致训练空间的低维特征(第4.3.4节"神经网络输出的归一化,以及一组神经网络与单一神经网络的对比"中将进行具体案例的分析和讨论)。

在逼近目标映射的复杂度时,需要先确定每个特定情况下决定神经网络近似复杂度的隐藏神经元的数量 k。为了达到期望的精度或分辨率,映射越复杂,要求的复杂度 Nc 就越高,需要的隐藏神经元 k 也就越多(Attali and Pagés,1997)。因此,在目标映射的期望分辨率和神经网络仿真的复杂度之间往往需要做出权衡。然而,从目前的研究经验来看,实际应用中需要慎重选择神经网络近似的复杂度 k 应保持在能够达到所需近似精度的最小数量水平上,并适当引入平滑和插值(见2.4节),从而避免出现过拟合的情况。但是在神经网络近似复杂度的选择问题上,还没有形成具有普适意义的方法或建议,通常根据经验或试验来确定 k 的量值。

从以上分析可以看出,针对不同的应用场景,神经网络近似可以提供多种拓扑结构的解决方案,包括有 m 个输出的单一神经网络、m 个单输出的神经网络等,这也说明了神经网络技术的多应用场景实践中的灵活性。正是这种结构的灵活性使得神经网络技术在许多应用程序中能够有效地使用。

2.3.5 神经网络输入和输出的归一化

神经网络技术的另一种灵活性体现在对输入量和输出量的不同归一化方法上。神经网络的输入量的归一化通常选择的区间范围为 $[-a,a]$,采用的基本方程形式为:

$$\tilde{x}_i = a_i \frac{(2 \cdot x_i - x_i^{\max} - x_i^{\min})}{(x_i^{\max} - x_i^{\min})} \tag{2.6}$$

其中,x_i 表示第 i 个神经网络的原始输入量,$\tilde{x}_i$ 则表示归一化后的对应结果。假如所有 a_i 之和为1,那么所有原始输入量经过归一化后均位于区间 $[-1,1]$ 内。通过为不同的原始输入量选择不同的 a_i,能够改变神经网络对某一特定输入量变化的敏感度。

对于单线性输出的神经网络,输出量的归一化相对简单。传统的归一化方法,就是通过式(2.6)在区间 $[-a,a]$ 范围内进行归一化,或使用下面的归一化方法:

$$y' = \frac{(y - \bar{y})}{\sigma} \tag{2.7}$$

其中,$\bar{y}$ 表示 y 的平均值,σ 则表示其标准差(Standard Deviation:SD)。

对于具有多个输出的单一神经网络,输出量的归一化对神经网络逼近精度和性能的影响要比单输出神经网络显著。因此多输出的情况的归一化公式可表达为:

$$y'_q = \alpha \frac{(y_q - \bar{y}_q)}{\sigma_q} \tag{2.8}$$

其中，$\overline{y}_q$ 和 σ_q 表示第 q 个输出量（y_q）的平均值和标准差；式中引入 $\alpha \leqslant 1$ 用来加速输出层线性权重训练。然而，如果这些输出量中存在噪声，它们会将噪声传播给其他输出量。与此同时，标准化式（2.8）也减少了不同输出量之间可能存在的相关性。

另一种多输出的情况的归一化方法可记为：

$$y'_q = \alpha \frac{(y_q - \overline{y}_q)}{\sigma} \tag{2.9}$$

其中，σ 是所有输出的标准差，也可用于具有多个输出量的神经网络。这种标准化有利于保留输出量之间的相关性，并通过考虑这些相关关系，降低系统复杂性，并提高神经网络仿真的性能。

在多输出量情况下，采用上述 4 种不同的标准化方法（式（2.6）—（2.9）），不同输出量的近似误差差异很大，甚至出现不同类型的误差分布（见 4.3.4 节）。但是，对于不同的神经网络应用程序，当具有较小的绝对或相对误差时，其误差分布类型差异可视为合理。同时，在利用多个输出模拟单个神经网络的情况下，不同的输出归一化方法可以为达到期望结果提供更多的途径。这部分内容在 Krasnopolsky 和 Fox-Rabinovitz（2006）文章也有具体讨论。

2.3.6　输入和输出常量

在实际应用中，映射（式（2.1））的输入（$\boldsymbol{X}$）和/或输出向量（$\boldsymbol{Y}$）的某些分量可能具有常数或近似常数的值（即标准差非常小）。然而，当利用神经网络模拟映射时，常量不应包含在输入或输出中，其原因在于，一方面这些常量无法体现能够反映输入/输出函数依赖的信息，另一方面输入/输出常量在训练中会引入额外的噪声，并导致额外的逼近错误。

虽然对于常量来说，这些小信号在某些情况下可能不是噪声，而是非常重要的信号，但是，当其作为神经网络的输入或输出时，需要进行特殊处理。例如，可转换成异常值（即减去其平均值），然后将异常作为仿真神经网络的输入或输出。需要注意的是，根据问题的不确定程度，这些小信号提供的信息可能远低于不确定程度，甚至在许多情况下实际上毫无用处。

2.3.7　神经网络训练

当确定了神经网络的结构后（即给定拓扑参数 n、k 和 m），权重系数（a 和 b）可基于最大似然法（Vapnik，1995）和训练集 C_T 可通过以下最大化似然函数得到：

$$L(a,b) = \sum_{i=1}^{N} \ln\rho(\xi_i) \tag{2.10}$$

其中，$\rho(\xi)$ 表示近似误差，$\xi_i = Y_i - NN(X_i, a, b)$（参见 2.3.3 节）的概率密度函数，同时求和是针对训练集中的 N 条记录进行的。假设误差（ξ_i）是正态分布，式（2.10）则可通过计算 $W(a$ 和 b）得到使得均方根误差函数（也称损失、风险或成本函数）最小的神经网络权重，其数学表达式可记为：

$$E(W) = \frac{1}{N}\sum_{i=1}^{N}\xi_i(W) = \frac{1}{N}\sum_{i=1}^{N}\xi_i(Y_i - Z_i)^2 \tag{2.11}$$

其中，$Z_i = NN(X_i, W)$，E 表示整个训练集（包含训练集中所有 N 条记录）计算得到的总误差，$\xi_i(Y_i - Z_i)^2$ 是训练集中第 i 条记录对应的误差。将误差函数（式（2.11））最小化的过程通常被称为神经网络训练。将误差函数最小化的过程是在 W 空间（即神经网络权重空间或训练空间）中进行的，W 空间的维数等于神经网络权重的个数 N_C（式（2.4））。

需要注意的是,对于非高斯分布的概率密度函数 $\rho(\xi)$,误差函数应该由最大似然函数(式(2.10))推导而来,其均方根误差或损失函数的形式可能与(式(2.11))显著不同(Liano,1996)。然而,在大多数应用中使用的仍然是均方误差函数(式(2.11)),因为它简单且可解析微分。

通过使误差函数最小来得到权重的最优值是一个非线性最小化问题。为解决这一问题已开发了若干方法(Bishop,1995;Haykin,2008)。本节简要概述其中一种,即最陡下降法(或梯度下降法)的简化版本,称为反向传播训练算法。这种方法是由 Werbos(1974)和 Rumelhart 等(1986)作为神经网络训练算法引入到实际应用中。

反向传播训练算法的基本思想是通过一步一步的迭代来寻找最小的误差函数(式(2.11)),同时每一步都可以增加或减少权重量值来减少误差函数。例如,可以使用以下简单的最陡下降规则来实现:

$$W^{(n+1)} = W^{(n)} - \eta \frac{\partial(W^{(n)})}{\partial W} \qquad (2.12)$$

其中,W 可以是两个权重系数 a 或 b 中的任何一个,$W^{(n+1)}$ 则是调整后的权重系数,$\eta > 0$ 即为学习常数,$W^{(n)}$ 表示之前的 n 阶迭代值。式(2.12)可用于总的误差函数 E 或者一个单记录误差函数(ξ_i),不同的应用将导致不同的训练方式,即批处理训练和序列训练(见 2.3.8 节)。

利用式(2.11)、(2.2)、(2.3)以及链式微分法则,式(2.12)中的导数可以通过激活函数 ϕ 的导数和前一步迭代的权值来解析表示(Haykin,2008;Bishop,1995;2006)。然而,不论使用何种迭代方案,迭代初始第一步是无法从以前的训练中得到权值,就会出现权重值初始化问题。已有许多针对权重初始化的研究(如 Nguyen 和 Widrow,1990;Wessels 和 Bernard,1992)。大多数方案采用小随机数方法来进行神经网络权重系数的初始化。如 Wessels 和 Bernard(1992)就是利用 $\left[-\frac{3}{\sqrt{n}}, \frac{3}{\sqrt{n}}\right]$ 范围内的随机数来作为初始化权重值,其中 n 代表神经网络的输入量维数。

非线性误差函数(式(2.11))具有多个局部极小值。此外,由于多层感知神经网络在权重值空间中的对称性,对于每一个局部极小值,都存在误差完全相同的 $k! \cdot 2^k$($k!$ 表示 k 的阶乘)克隆的局部极小值(Chen et al.,1993)。反向传播算法仅收敛于局部极小值,这也是几乎所有用于解决非线性优化问题(神经网络训练)的算法都存在的问题。通常,会采用多次初始化(甚至多次初始化过程)来避免浅局部极小值,从而能够得到一个误差足够小的局部极小值。

批处理训练和序列训练

当在式(2.12)中使用总误差函数 E 来计算新的调整权重值,那么每次训练迭代都必须处理整个训练集,也就是说,在每个训练步骤中,权值都向总误差函数中减小最大的方向移动,这种使用整个数据集来计算每个权重调整的训练类型称为批处理训练。

当在式(2.12)中使用一个记录(如一个形态)的误差函数 ξ_i 来进行权值调整,那么需要将训练集的每条数据记录传递给神经网络后,才能进行权重值更新,这种训练方法称为序列训练或在线训练。序列训练对训练集中的每条记录进行逐条处理,并将所有结果一次传递给神经网络的过程成为一个周期;随后这个过程可以采用顺序循环遍历训练集的记录或随机选择模式重复多次(多个周期)。因此,在批处理训练中,权重值在每个周期更新一次;而在序列训练中,权重值在每个数据模式(记录)后更新,即每个周期更新 N 次。

　　比较上述两类方法,批处理训练具备较好的通用性,且更具有统计意义,同时在某些二阶优化算法应用中也表现出更好的效果(Hsieh,2009);然而也会存在一些问题,Bishop(2006)和Hsieh(2009)对它们进行了讨论。由于序列训练方法使用的是单个记录,使得训练过程独立于训练集的维数数量,因此,在针对长期训练集方面具有明显的优势。同时,当训练集中存在数据扩容时,每个新的数据记录可以单独用于在线更新神经网络权重值,因此序列训练也可用于实时数据的训练。此外,顺序训练还可以避免总误差函数的局部极小值。

输入和输出缺失

　　在实际应用中,组成训练集 C_T(式(2.5a))的数据矩阵 C_X 和/或 C_Y 的某些元素可能丢失或损坏。这种情况不仅会出现在处理观测数据时容易遇到,使用模拟数据时也可能出现数据缺失或类似问题。如在第 4 章中讨论的一个案例,同样采用映射(式(2.1))描述整个大气物理过程,其输出向量中包含两个物理参数:给定某一点的陆地温度和同一点的海洋温度。显然对于给定位置来说,这两个参数必然是一个有效,另一个缺失,这也就造成了数值模型模拟的训练集中的每条记录都至少包含一个缺失值。

　　由于大部分多元数据建模和分析技术(包括神经网络)都需要完整的数据集,也就是说每个数据记录均需要包含所有变量信息,因此,数据缺失处理是一个重要的技术问题。研究表明,数据缺失率小于 1% 通常认为是可忽略的,1%～5% 是可控制的,5%～15% 需要复杂的方法来处理,而超过 15% 则可能会对模型的质量造成严重影响(Luengo et al. 2010)。

　　为获得完整数据集,最经济的处理方式是删除缺失数据的记录,也就是仅使用训练集的一个子集来进行建模。然而在训练集本身数据量有限,且输入和输出向量 X 和 Y 具有高维特征时,这种方法可能行不通。实际上如果仅因为任一向量中一个元素(或变量)的缺失就删除整个记录 (X_p,Y_p),相当于将该向量中 $n+m-1$ 个可接受的变量信息都舍去了。在前文讨论的大气物理过程训练集的例子中,由于任一给定位置的陆地温度和海洋温度必有一个缺失,应用删除缺失数据记录的方法将导致整个数据集被删除。目前研究已经开发了几种不太经济且相对复杂的方法来处理数据缺失(Richman et al. ,2009)。例如,可利用最大似然法来估算完整数据的模型参数,并对缺失数据进行补充。此外,大多数情况下数据集组成之间并不是相互独立的,因此,也可以通过识别数据集组成之间的关系来确定和估算缺失值。

　　缺失数据的处理问题实际上超出了本书的介绍范围,有兴趣的读者可以查阅 Richman 等(2009)和 Luengo 等(2010),在这些著作及所引用的论文中,对这个问题进行了详细讨论,并考虑了各种数据插补或缺失数据替换的方法。本节介绍一种处理缺失输出数据的简单方法,这种方法在后续章节讨论的应用中使用(Krasnopolsky et al. ,2009),可用于处理输出向量 Y_i 中一个或多个分量缺失的情况。这个方法主要是在误差函数(式(2.11))中引入一个二进制矩阵 $\boldsymbol{\alpha}_{iq}$:

$$E(W) = \frac{1}{N} \sum_{i=1}^{N} \xi_i(W) = \frac{1}{N} \sum_{i=1}^{N} \boldsymbol{\alpha}_{iq} \cdot \xi_i (Y_i - Z_i)^2 \qquad (2.11a)$$

其中,矩阵 $\boldsymbol{\alpha}$ 按照以下规则定义:对于第 i 个训练记录

$$\alpha_{iq} = \begin{cases} 1 & \text{第 } q \text{ 个输出量存在} \\ 0 & \text{第 } q \text{ 个输出量缺失} \end{cases}$$

这种方法避免了从训练集中删除整个数据记录 i,保留了所有数据不缺失的向量分量来进行训练,缺失的数据集组成只是不包括在误差函数中。

过拟合和正则化

本节将讨论两种不同情况下的过拟合问题。第一种情况是,当训练数据中的噪声水平很低,且神经网络或任何其他非线性统计模型很好地接近数据时,在数据点之间和/或区域的极大值处会出现过拟合,导致神经网络表现出不可预测的行为(如剧烈振荡)。第二种情况是在处理含有异常噪声数据时,如果过度训练,模型不仅会拟合期望数据,也可能对噪声和异常值进行拟合。导致过拟合的原因有很多,比如神经网络复杂度 N_C 接近甚至超过训练集中的数据量 N,训练集很大,但是存在冗余,或者对简单目标映射进行过度抽样等。出现上述情况时,虽然可以在 N 值较大时选择复杂度较高的神经网络来处理,但是数据的冗余仍然会导致过拟合。

过拟合的重要表现之一就是将训练过程的收敛程度与局部极小值结合起来。为了避免收敛于这样的局部极小值,常常采用正则化方法(Haykin,2008;Bishop,1995,2006),即在误差函数(式(2.11))中加入一个惩罚项。修正(或正则化)误差函数可写为:

$$\widetilde{E}(W) = E(W) + \lambda \sum_j W_j^2 \qquad (2.11b)$$

其中,右端第一项是标准误差函数(式(2.11)),第二项是正则化项,λ 是反映正则化项的相对重要性(或强度)的系数。可以看出,在训练过程中,正则化误差函数(式(2.11b))通过引入正则化项,对过大的权重系数进行惩罚,使得局部极小值对应的权重系数减小,从而防止由于权重大而导致过拟合。

值得注意的是,在具有大量权重系数的高复杂度神经网络系统中,训练空间维度 N_C 是非常高的(后文中有大量有关应用的讨论)。因此,其误差函数中局部极小值的数量也可能非常多。在这种情况下,神经网络训练的结果通常会指向与初始点最接近的局部极小值。当采用小随机数的初始化方法(如,Nguyen 和 Widrow,1990),训练过程将会逼近足够接近初始点的局地极小值,而此时权重系数还比较小。因此,初始化程序的合理应用可能使得复杂的神经网络系统不必再进行正则化。

噪声训练数据与随机映射

如果神经网络使用包含显著的噪声或不确定性的数据进行训练,那么这些数据实际上代表的是具有不确定度 ε 的随机映射(见第 2.2.4 节)。在这种情况下,对随机映射(式(2.1b))的神经网络的模拟可以描述为:

$$Y = M_{NN}(X) + \varepsilon + \varepsilon_{app}$$

其中,M_{NN} 是映射 M(式(2.1b))的神经网络模拟,ε_{app} 是神经网络近似的误差。因此,对于随机映射(式(2.1b))的神经网络模拟与确定性映射(式(2.1))的模拟是具有很大差异的。

这种差异在训练神经网络逼近、分析和解释逼近误差,以及选择神经网络体系结构时都需要考虑。在针对随机映射的训练中,误差函数(式(2.11))常用的最小化标准应转换为误差需小于等于不确定度 ε,也可表达为:

$$E(W) = \frac{1}{N} \sum_{i=1}^{N} \left[Y_i - M_{NN}(X_i) \right]^2 \leqslant \varepsilon^2 \qquad (2.11c)$$

所有满足条件(式(2.11c))的神经网络模型都是随机映射(式(2.1b))的有效模拟。可见,对不确定度 ε 大小的估计对于正确训练神经网络随机映射模型是至关重要的。

2.4　神经网络技术的优势和局限性

本节主要分析多层感知神经网络方法应用于复杂多维映射(式(2.1))模拟的优势和局限。值得注意的是,我们在这里讨论的大多数局限性并不是多层感知神经网络技术本身的限制,而是一般情况下非线性模型、非线性近似技术和非线性统计方法固有的(Cheng 和 Titterington, 1994)。同时,神经网络技术在正常情况下具有显著优势特性有时也会导致神经网络技术在一些特殊条件下的使用受到限制。以上是本节分析和讨论的两个基本出发点。

2.4.1　多层感知神经网络的灵活性

多层感知神经网络是一个通用性高且非常灵活的逼近器。多层感知神经网络的强大灵活性的原因在于:模型基函数 t_j(式(2.3))中包含了许多在训练过程中可以调整的内部非线性参数 b,具备了灵活的可调整性。因此,多层感知神经网络的基函数不是先验地指定的,而是在训练过程中确定的,并能够针对特定映射的近似进行“优化”。Barron(1993)研究表明,对于某些类型的映射,这类可调基函数的线性组合可以提供精确的近似,其函数数量要比任何不包含可调非线性参数的固定或刚性基函数的线性组合少得多。Krasnopolsky 和 Kukulin(1977)也得到了类似的结果。可见,采用可调基函数多层感知神经网络是逃脱维数灾难的方法之一。

可调基函数 t_j 的另一个重要性在于,使得近似误差与输入空间的维数(n)无关。使用灵活的基函数(式(2.3))时,近似误差是 $E \leqslant \frac{\alpha}{kp}$,其中 $\alpha > 0$,$p > 0$,且 p 独立于 n。相比之下,使用固定的基函数,近似误差为 $E \leqslant \alpha / k^{\frac{1}{n}}$,与映射高度相关(Barron,1993;Cheng 和 Titterington,1994)。当利用固定基函数进行展开时,当输入数量增加时,则需要增大基函数数量(k)来达到相同的近似精度。因此,对于多层感知神经网络,决定近似精度的是隐藏神经元的数目 k,而不是输入空间的维数。

多层感知神经网络的灵活性也可能导致近似精度降低。此外,基函数 t_j 所具备的可调整、非正交和重叠的特征,也可能导致神经网络体系结构非最优或出现冗余。因此,一些隐藏的神经元可能对逼近的贡献很小,可以通过“修剪”来进行删除,且不会对逼近的准确性产生重大影响。目前已有很多关于修剪和类似技术的开发来优化神经网络结构和复杂性(Bishop,1995;Haykin,2008)。

由此可见,多层感知神经网络的灵活性是其应用优势所在,但如果操作不当或者控制不好,则可能会导致过拟合、插值不稳定、导数不确定等情况,影响模型效果。如何避免上述情况出现,将在本书后文具体讨论。

2.4.2　神经网络训练,非线性优化和输入输出的多重共线性

神经网络训练的优势在于:

(1)神经网络训练是一种迭代过程(见 2.3.7 节),不涉及任何矩阵反演。因此该方法具有鲁棒性,对输入输出数据的多重共线性不敏感,且总能得到神经网络权值的解。

(2)神经网络训练作为一种非线性优化,在误差或损失函数(式(2.11))中总是有多个解对应多个局部极小值。而输入和输出数据的多重共线性导致局部最小值的均衡化,特别是在输入维数较高的情况下。因此,输入输出数据的多重共线性在一定程度上缓解了多个局部极小

值之间以最小误差寻找局部极小值的问题。

综上所述,从逼近问题的角度来看,由于这些局部极小值的逼近误差很小且近似相等,所有这些局部极小值都能够给出较小的训练效果。然而需要注意的是,即使是逼近误差几乎相等的局部极小值,其神经网络的权重系数仍然存在差异,这些差异会进一步导致不同的插值和不同的微分结果。因此,由于不同局部极小值的误差均衡化,逼近误差可能不是一个充分的判据,因此,在选择适宜的插值性质和微分结果时,可能需要增加额外的标准。

2.4.3 神经网络泛化:插值和外推

神经网络用语中最含糊的术语之一是"泛化"或"泛化能力"。这个术语来自认知科学领域,是指训练过的神经网络对训练集之外的新输入具有可接受的性能。因此至少存在两种不同的泛化情况:一是新的输入位于域 D 内,即训练数据点之间;二是新的输入位于训练集覆盖的区域之外,即在域 D 的边界附近或边界之外。那么,第一种情况对应于插值,第二种情况对应于外推。

众所周知,非线性外推是一个不适定问题,其解可能需要进行正则化处理,即引入额外信息(Vapnik,1995),本节不作讨论。然而,如果神经网络训练的唯一标准是小的逼近误差(式(2.11)),那么即使是平滑的插值也不能保证满足。此外,多个近似误差较小的局部极小值可能导致不同的插值;神经网络复杂度没有得到控制,可能会发生过拟合情况,从而导致内插结果较差。由此可见,训练集的代表性是获得可接受插值结果的必要条件(参见 2.3.3 节)。提高神经网络逼近插值能力的其他方法将在 2.5 节中讨论。

2.4.4 神经网络的雅可比项

神经网络的雅可比项 J,定义为神经网络输出量对输入量的一阶微分,可表示为如下的 $m \times n$ 矩阵:

$$J = \left[\frac{\partial y_q}{\partial x_i} \right]_{i=1,\cdots,n}^{q=1,\cdots,m} \tag{2.13}$$

雅可比项的应用非常广泛。如在数据同化应用中(见 3.1.2 节),雅可比矩阵被用于创建目标映射的伴随(切线近似)。与此同时,雅可比矩阵在目标映射及其神经网络仿真的统计灵敏度、鲁棒性和误差传播分析方面也有帮助。利用式(2.2)和(2.3)快速、简单地计算雅可比矩阵,也成为神经网络方法的优点之一。

然而神经网络的雅可比矩阵是基于一个训练好的神经网络模型直接微分计算得到的,自身并没有经过训练过程,因此雅可比矩阵的统计推断是一个不适定问题,也就是说这种计算方法不能保证导数足够精确。此外,由于存在多个具有相似逼近误差和不同神经网络权重系数的误差函数极小值,那就意味着也存在多个具有相似逼近误差和插值误差,但雅可比矩阵不同的神经网络仿真解。

如 2.4.3 节所述,如果更加关注于训练过程的控制,神经网络模拟是可实现,可接受的插值特性(Krasnopolsky and Fox-Rabinovitz,2006)。一般而言,这些模拟的导数是能够提供足够精确的插值。然而,对于某些应用场景,比如需要显式计算神经网络雅可比矩阵时,这样的准确性可能是不够的。下面提供几个解决方案供参考:

(1)雅可比矩阵(或整个伴随矩阵)可以训练为一个单独的神经网络(Krasnopolsky et al.,2002)。当有足够模拟数据可以使用时,生成用于训练雅可比矩阵或伴随矩阵的数据集相对并不困难。

（2）采用集合的方法提高神经网络雅可比项的稳定性或降低其不确定性（参加 5.2.2 节），即采用对应不同局部极小值的误差函数，但具有相同体系结构的神经网络模型群，或者使用具有不同数量隐藏神经元的神经网络模型群（Krasnopolsky，2007）。

（3）在整个数据集上计算并使用平均雅可比矩阵（Chevallier and Mahfouf，2001）。

（4）引入正则化技术，如"加权平滑"（Aires et al.，1999）或主成分分解（Aires et al.，2004b）来稳定雅可比矩阵。

（5）将雅可比矩阵包含在神经网络体系结构中，作为可以训练的额外输出。

（6）调整神经网络训练最小化过程中的误差或代价函数 $E(W)$（式（2.11））以适应雅可比矩阵，也就是说，将通常用于计算误差函数的欧几里得范数，改为一阶 Sobolev 范数误差函数，形式为：

$$E_J(W) = E(W) + \lambda \cdot \sum_{i=1}^{N} \| J(X_i) - J_{NN}(X_i, W) \|$$

其中，J 表示针对映射（式（2.1））的雅可比矩阵，J_{NN} 表示神经网络模型的雅可比矩阵，$\| \cdots \|$ 表示矩阵范数，而 λ 则是反映上式右端两项相对大小的常数。当误差函数中的欧几里得范数变为 Sobolev 范数，神经网络不仅被训练来逼近目标映射（与欧几里得范数一样），同时也能够逼近映射的一阶导数。这个解决方案不改变神经网络的输出数量，但可能需要使用更多的隐藏神经元，并且由于误差函数的复杂度增大，最小化训练过程中的复杂性可能显著提高。Hornik 等（1990）已经证明，Sobolev 空间的函数及其所有的导数均可以用一个神经网络来近似。虽然这类研究并没有提出明确的方法，但无损于它们的重要性，因为这类研究证明了近似的存在。在其基础上，一些可应用的技术方法开始大量出现（Cardaliaguet and Euvrard，1992；Lee and Oh，1997）。

解决方案 5 和 6 需要建立一阶导数的扩展训练集。当处理由观测数据表示的高维映射时，这一要求很难满足；而当使用基于物理模型的模拟数据时，额外模拟衍生数据产品通常并不困难。由此可见，大型神经网络的雅可比矩阵建模仍然是一个需要思考的开放性问题。

2.4.5　针对同一目标映射的多重神经网络模型和神经网络集合方法

非线性模型和近似中存在许多非线性参数，这些参数在求解（或数据拟合）的过程中可能会发生变化，这使得模型具备很好的灵活性，并且能够根据选定的目标映射进行调整。然而这些不同组合可能导致存在具有相同或几乎相同的逼近误差值的多个解，这也是非线性模型的一般性质之一。根据求解的特定标准（如误差函数），多个解之间可能几乎相同或高度相似；与此同时，构建出的多重模型（如神经网络）在考虑关于目标映射的其他信息时又有可能出现不同。因此，多解的存在会使得模型在使用过程中出现不确定性，需要增加额外的标准来选择唯一的"最佳"模型（或解）。从另一角度来看，多重模型的存在，为解析目标映射提供了补充信息，并为集合方法的应用提供了基础。本节中的集合方法，是指将不同集合成员中包含的互补性信息集合到一起，从而得到对目标映射的总体"了解"。这种总体性的认识，会比任何单个集合成员更多、更完整。

由许多成员组成的学习模型集合对系统的描述能力优于任何个体成员模型的这一观点可以追溯到 20 世纪 50 年代末和 60 年代中期（Selfridge，1958；Nilsson，1965）。自 20 世纪 90 年代初以来，许多基于相似思想的不同算法被用于神经网络集成（Hansen and Salamon，1990；

Sharkey,1996；Naftaly et al.,1997；Opitz and Maclin,1999,Hsieh,2001)。

神经网络的集合是由一组成员组成，每个成员可以理解为单独训练的神经网络。当应用于新数据时，它们能够被组合在一起，以提高模型的泛化(插值)能力。Naftaly 等(1997)提出了一系列将神经网络成员组合成集合的方法(具体内容参见 5.3 节)。以往研究也表明，通过随机挑选神经网络成员，可以组合成精确程度更高的神经网络集合模型(Opitz and Maclin,1999)。集合成员的构造方法有很多种，包括基于不同的训练子集(Opitz and Maclin,1999)、基于不同的训练子域、基于不同的神经网络体系结构(Hashem,1997)、甚至基于不同数量具有相同结构但不同权重系数初值的神经网络模型(Maclin and Shavlik,1995；Hsieh,2001)等。

2.4.6 基于神经网络集合的随机映射模拟

在 2.3.7 节中关于"噪声训练数据和随机映射"的讨论中已经表明，在模拟随机映射时，采用多个满足准则(式(2.11c))的神经网络模型是模拟随机映射(式(2.1b))的有效方法。实际上，可以假设这些神经网络模型都模拟了映射家族中的一员，而这些映射的集合则共同代表了随机映射(式(2.1b))，这就是所谓基于神经网络集合的随机映射模拟。

2.4.7 神经网络参数不确定性估计

神经网络技术是一种非线性统计方法。与任何统计方法一样，神经网络技术不仅能够提供模型参数和输出的估计(通过误差或损失函数的最小化)，还能够提供神经网络权重系数和输出的不确定性估计。由于神经网络的非线性特性，神经网络不确定性的估计比线性情况下的估计更为复杂。然而，在过去 10 年中，在多层感知神经网络领域无论是针对单输出(MacKay,1992；Bishop,1995；Neal,1996；Nabney,2002)还是多输出(Aires et al.,2004a)模型都取得很多研究成果，其中各种贝叶斯方法被用于估计神经网络参数(或权重系数)的不确定性。

2.4.8 神经网络与物理模型：神经网络的"黑箱"效应

在物理定律(如各种守恒定律)和物理方程的约束作用下，基于物理模型的输出量之间可能存在相关关系，而神经网络模拟是无法准确地再现这些关系的。一个神经网络模型在逼近上述相关关系时，其精度会受到模型近似误差的限制。如需要提高精度，可以采用类似正则化过程(式(2.11b))的处理方式，将期望条件下的误差作为训练的惩罚函数，并将这种误差最小化。此外，也可将期望描述的相关关系，作为后处理步骤精确地叠加在神经网络输出上(见4.3.3 节)，从而使得模型优化。

神经网络方法有一个经常被提及的缺点是不能像物理模型或简单线性统计模型一样，提供一个直接的物理解释(Zorita and von Storch,1999)，即所谓的神经网络"黑箱"效应。一般来说，确实很难对神经网络的权重系数给出确切的物理解释。事实上，相比简单的线性模型和回归，神经网络模型更复杂、更不透明，通常用于建模或仿真具有多维特征的复杂非线性系统。这类复杂高维的非线性系统是难以通过简单的线性模型进行建模或仿真，而那些可以用线性模型来解决的问题，实际上也无需用神经网络来处理。由此可见，由于使用对象不同，将神经网络与线性方法进行比较实际上是不太适合的。目前常用于高维复杂非线性系统建模的另外两种方法是非参数多维统计方法和确定性数值模拟，其中非参数多维统计方法同样也具有"黑箱"特征。

而对于基于物理特征的现代确定性数值模式而言，它也一定程度上失去了其透明度。当谈到物理模型的机理时，人们通常会首先想到数值建模初期开发的简化模式及其所代表的物理规律(见 1.2 节)。随着模式发展,其复杂度不断提升逼近其建模系统的复杂性,从而逐渐演变成为现代数值模式(参见 2.1.4 节和第 4 章)。以地球科学及其子系统的建模为例,目标系统的高度复杂性使得现代数值模式非常复杂。与此同时,现代数值模式中的不同模块是由不同的科学家和不同的研究机构开发组成的,包含了大量的物理过程的参数化。参数化本身就是不透明的,它失去了与基本物理过程的直接联系,并包含了许多近似、简化、假设和经验参数(见第 4 章)。此外,为了使这些参数化方案在模式中能够协同运行,也会引入大量的调整参数。这些参数没有任何物理意义,只是用来保证模型的不同部分连贯地工作。

综上所述,直接比较神经网络和物理模型显然是一个难题。因此,本书的观点是,无论是反对神经网络或其他机器学习统计方法,或是反对第一原理模型都是无意义的。这些方法在实际应用中是可以互补的。本书第 4 章中展示了它们在混合建模框架中的协同应用,结果表明,采取适当的方法是能够结合两种方法的优点,发挥出更好的模拟效果。

2.5　神经网络模拟

在这本书中,我们使用模拟神经网络(emulating NN)、神经网络模拟(NN emulation)或神经网络仿真器(NN emulator)为神经网络提供针对目标映射(式(2.1))的仿真能力,主要包括基于训练集(式(2.5))得到足够小的逼近误差(式(2.11)),以及区域 D 内对训练集数据进行平滑、准确地插值和有限外推。需要注意的是,模拟神经网络与近似神经网络(approximating NNs)两个术语是不同的。近似神经网络通常与数据集的分析误差相关,其近似误差是足够小的。

在构建模拟神经网络时,除了考虑小逼近误差(式(2.11))这一标准外,至少可以使用 2.4.3 节中提到的其他三个标准:

(1)神经网络复杂度(式(2.4))或隐藏神经元的数目 k 被控制并限制在一个最小的数目,以产生足够好的近似精度水平。

(2)应使用独立的验证数据集来控制过拟合(验证集)的训练过程,同时使用独立的测试集用于训练后估计插值精确度。

(3)为了提高神经网络的插值性能,在训练集中引入了有限可控的冗余(见 2.3.3 节)。

模拟神经网络的复杂度(式(2.4))与目标映射复杂度的对应关系通常好于在相同逼近误差下近似神经网络。模拟神经网络的复杂度 N_c 通常接近可能的最小值,因此计算速度通常也更快。最后,模拟神经网络能够提供更好和更平滑的插值或泛化效果,在相同的逼近精度下具有更好的目标映射分辨率,同时神经网络雅可比矩阵的不确定性也更小。

2.6　小结

本章讨论了多维复杂映射(式(2.1))和多层感知神经网络(式(2.2)和(2.3))的一般性质,并分析了它们的关系。多维复杂映射与多层感知神经网络都是相对较新的研究领域,因此近年来在相关理论和实际应用方面成果丰富。本章主要聚焦从线性统计工具或模型,过渡到非线性模型(如神经网络)时,针对方法框架中无法适应复杂非线性性质的部分进行的必要调整。

在某些条件下,如果不能恰当使用,非线性统计技术的许多优点可能会成为局限性。而当采用更为灵活的方法,如综合使用神经网络和集合方法等不同的统计方法,非线性模型的一些局限性也可能会变得有利。正如第1章讨论的,神经网络可能是解决这本书讨论问题的唯一实用的统计学习技术(SLT)工具,且对于模拟复杂的多维映射具有更好的普适性。为使讨论更加完整,本书将在第6.2节中简要介绍一些在未来有潜力与神经网络竞争的技术方法,以及这些技术方法研究的最新成果(Belochitski et al. ,2011)。

参考文献

Aires F,Schmitt M,Chedin A,et al. ,1999. The "Weight Smoothing" regularization of MLP for Jacobian stabilization. IEEE Trans Neural Netw,10:1502-1510.

Aires F,Prigent C,Rossow W B,2004a. Neural network uncertainty assessment using Bayesian statistics:A remote sensing application. Neural Comput 16:2415-2458.

Aires F,Prigent C,Rossow W B,2004b. Neural network uncertainty assessment using Bayesian statistics with application to remote sensing:3 network Jacobians. J Geophys Res. doi:10. 1029/2003JD004175.

Attali J G,Pagés G,1997. Approximations of functions by a multilayer perceptron:A new approach. Neural Netw(6):1069-1081.

Barron A R,1993. Universal approximation bounds for superpositions of a sigmoidal function. IEEE Trans Inform Theory,39:930-945.

Belochitski A P,Binev P,DeVore R,et al. ,2011. Tree approximation of the long wave radiation parameterization in the NCAR CAM global climate model. J ComputAppl Math,236:447-460.

Bishop C M,1995. Neural networks for pattern recognition. Oxford:Oxford University Press.

Bishop C M,2006. Pattern recognition and machine learning. New York:Springer.

Bollivier M,Eifler W,Thiria S,2000. Sea surface temperature forecasts using on-line local learning algorithm in upwelling regions. Neurocomputing,30:59-63.

Cardaliaguet P,Euvrard G,1992. Approximation of a function and its derivatives with a neural network. Neural Netw(5):207-220.

Chen T,Chen H,1995a. Approximation capability to functions of several variables,nonlinear functionals and operators by radial basis function neural networks. Neural Netw(6):904-910.

Chen T,Chen H,1995b. Universal approximation to nonlinear operators by neural networks with arbitrary activation function and its application to dynamical systems. Neural Netw(6):911-917.

Chen A M,Lu H,Hecht-Nielsen R,1993. On the geometry of feedforward neural network error surface. Neural Comput(5):91-927.

Cheng B,Titterington D M,1994. Neural networks:A review from a statistical perspective. Stat Sci(9):2-54.

Cherkassky V,Mulier F,2007. Learning from data,2nd edn. Hoboken:Wiley.

Chevallier F,Mahfouf J F,2001. Evaluation of the Jacobians of infrared radiation models for variational data assimilation. J Appl Meteor(40):1445-1461.

Chevallier F,Morcrette J J,Chéruy F,et al,2000. Use of a neural-network-based longwave radiative transfer scheme in the EMCWF atmospheric model. Quart J Roy Meteor Soc,126:761-776.

Cilliers P,2000. What can we learn from a theory of complexity? . Emergence (2):23-33. doi:10. 1207/ S15327000EM0201 03.

Cybenko G,1989. Approximation by superposition of sigmoidal functions. Math Control Signal(2):303-314.

DeVore R A,1998. Nonlinear approximation. Acta Numerica(8):51-150.

Elsner J B,Tsonis A A,1992. Nonlinear prediction,chaos,and noise. Bull Ame Meteor Soc,73:49-60.

Funahashi K,1989. On the approximate realization of continuous mappings by neural networks. Neural Netw (2):183-192.

Gell-Mann M,Lloyd S,1996. Information measures,effective complexity,and total information. Complexity(2): 44-52.

Hansen L K,Salamon P,1990. Neural network ensembles. IEEE Trans Pattern Anal,12:993-1001.

Hashem S,1997. Optimal linear combination of neural networks. Neural Netw(10):599-614.

Haykin S,2008. Neural networks and learning machines. New York:Pearson.

Hornik K,1991. Approximation capabilities of multilayer feedforward network. Neural Netw(4):251-257.

Hornik K,StinchcombeM,White H,1990. Universal approximation of an unknown mapping and its derivatives using multilayer feedforward network. Neural Netw(3):551-560.

Hsieh W W,2001. Nonlinear principal component analysis by neural networks. Tellus,53A:599-615.

Hsieh W W,2004. Nonlinear multivariate and time series analysis by neural network methods. Rev Geophys, doi:10. 1029/2002RG000112.

HsiehW W,2009. Machine learning methods in the environmental sciences. Cambridge:Cambridge University Press.

Kon M,Plaskota L,2001. Complexity of neural network approximation with limited information:a worst case approach. J Complex,17:345-365.

Krasnopolsky V M,2007. Reducing uncertainties in neural network Jacobians and improving accuracy of neural network emulations with NN ensemble approaches. Neural Netw,20:454-461.

Krasnopolsky V M,Fox-Rabinovitz M S,2006. Complex hybrid models combining deterministic and machine learning components for numerical climate modeling and weather prediction. Neural Netw,19:122-134.

Krasnopolsky V M,Kukulin V I,1977. A stochastic variational method for the few-body systems. J Phys G: Nucl Partic Nucl Phys,3:795-807.

Krasnopolsky V M,Gemmill W H,Breaker LC,1999. A multiparameter empirical ocean algorithm for SSM/I retrievals. Can J Remote Sens,25:486-503.

Krasnopolsky V M,Gemmill W H,Breaker LC,2000. A neural network multi-parameter algorithm SSM/I ocean retrievals:comparisons and validations. Remote Sens Environ 73:133-142.

Krasnopolsky V M,Chalikov D V,Tolman HL,2002. A neural network technique to improve computational efficiency of numerical oceanic models. Ocean Model(4):363-383.

Krasnopolsky V M,Lord S J,Moorthi S,et al. ,2009. How to deal with inhomogeneous outputs and high dimensionality of neural network emulations of model physics in numerical climate and weather prediction models //Proceedings of international joint conference on neural networks. Atlanta,Georgia,USA,14-19 June,1668-1673.

Lee J W,Oh J H,1997. Hybrid learning of mapping and its Jacobian in multilayer neural networks. Neural Comput(9):937-958.

Liano K,1996. Robust error measure for supervised neural network learning with outliers. IEEE Trans Neural Netw(7):246-250.

Luengo J,Garcia S,Herrera F,2010. A study on the use of imputation methods for experimentations with radial basis function network classifier handling missing attribute values:The good synergy between RBFNs and event covering method. Neural Netw(23):406-418.

Maas O,Boulanger J P,Thiria S,2000. Use of neural networks for predictions using time series:illustration with the El Niño Southern oscillation phenomenon. Neurocomputing,30:53-58.

MacKay D J C,1992. A practical Bayesian framework for back-propagation networks. Neural Comput (4): 448-472.

Maclin R,Shavlik J,1995. Combining the predictions of multiple classifiers: using competitive learning to initialize neural networks // Proceedings of the eleventh international conference on artificial intelligence. Detroit, MI, 775-780.

McCulloch W S,Pitts W,1943. A logical calculus of the ideas immanent in neural nets. Bull Math Biophys 5: 115-137.

Nabney I T,2002. Netlab: Algorithms for pattern recognition. New York: Springer.

Naftaly U,Intrator N,Horn D,1997. Optimal ensemble averaging of neural networks. Comput Neural Syst(8): 283-294.

Neal R M,1996. Bayesian learning for neural networks. New York: Springer.

Nguyen D,Widrow B,1990. Improving the learning speed of 2-layer neural networks by choosing initial values of the adaptive weights // Proceedings of international joint conference of neural networks,vol 3. San Diego,CA,USA,17-21 June,21-26.

Nilsson N J,1965. Learning machines: Foundations of trainable pattern-classifying systems. McGraw Hill, New York.

Opitz D,Maclin R,1999. Popular ensemble methods: an empirical study. J ArtifIntell Res(11):169-198.

Reitsma F,2001. Spatial complexity. Master's thesis,Auckland University,New Zealand.

Richman M B,Trafalis T B,Adrianto I,2009. Missing data imputation through machine learning algorithm // Haupt SE, Pasini A, Marzban C. Artificial intelligence methods in environmental sciences. New York: Springer.

Rumelhart D E, Hinton G E, Williams RJ,1986. Learning internal representations by error propagation // RumelhartDE, McClelland JL, Group PR. Parallel distributed processing, vol 1. Cambridge, MA: MIT Press.

Selfridge O G,1958. Pandemonium: A paradigm for learning // Mechanization of thought processes. Proceedings of a symposium held at the National Physical Lab,HMSO,London,513-526.

Sharkey A J C,1996. On combining artificial neural nets. Connect Sci(8):299-313.

Tang Y,Hsieh W W,2003. ENSO simulation and prediction in a hybrid coupled model with data assimilation. J Meteor Soc Japan,81:1-19.

Vann L,Hu Y,2002. A neural network inversion system for atmospheric remote-sensing measurements // Proceedings of the IEEE instrumentation and measurement technology conference, vol 2. 1613-1615. doi: 10. 1109/IMTC. 2002. 1007201.

Vapnik V N,1995. The nature of statistical learning theory. New York: Springer.

Vapnik V N,Kotz S,2006. Estimation of dependences based on empirical data // Tinformation Science and Statistics. New York: Springer.

Weigend A S,Gershenfeld N A,1994. The future of time series: learning and understanding // Weigend A S, Gershenfeld N A. Time series prediction: Forecasting the future and understanding the past. Addison-Wesley Publishing Company,Reading,1-70.

Werbos P,1974. Beyond regression: New tools for prediction and analysis in the behavioral sciences.

Werbos P,1982. Applications of advances in nonlinear sensitivity analysis,systems modeling and optimization // Drenick R, Kozin F. Proceedings of the 70th IFIP, 1981. Springer, New York. Reprinted in Werbos P, 1994. The roots of backpropagation. Wiley, Hoboken.

Wessels L F A,Bernard E,1992. Avoiding false local minima by proper initialization of connections. IEEE Trans Neural Netw 3:899-905.

Zorita E,von Storch H,1999. A survey of statistical downscaling techniques. J Climate(2):2474-2489.

第 3 章　大气海洋遥感应用

我忍不住设想,如果科学不需要实际应用的话,将更有吸引力。

——Claude Levi-Strauss,《生食与熟食》

摘要

　　本章主要讨论大气和海洋卫星遥感的神经网络应用,其中涉及两个最主要的遥感问题,即正问题和反问题(或卫星反演问题)。正向模型(Forward Model:FM)的应用,主要解决正问题中卫星测量的直接同化过程和变分反演;而反问题则主要讨论反演算法(Retrieval Algorithms:RA)或反问题的解在资料同化系统的地球物理参数同化中的应用。为此,介绍了两类相对应的神经网络应用模型:神经网络正向模型和神经网络反演算法。随后在综述遥感神经网络开发过程的基础上,引进了一种能够进行自动化卫星反演质量控制的智能神经网络反演系统,并以神经网络在特殊传感器微波成像仪(Special Sensor Microwave Imager:SSM/I)的应用为例,分析了理论研究的实际场景应用过程。此外,通过引入 SSM/I 神经网络正向模型和反演算法,并与其他技术方法进行比较,分析得到了这两类模型的优点和局限性。最后,以 QuikSCAT 风矢量反演为例,展现了神经网络技术相比标准化逐点反演模型更优越的潜在应用价值。

　　这一章包含了广泛的参考书目,可供读者对感兴趣的内容进行扩展阅读以获取更细致的内容,同时也可以作为学生或者研究人员了解和进入神经网络仿真技术在遥感领域应用研究的教科书或入门阅读材料。

　　从遥感观测中获取高质量的地球物理参量,并提取大气、海洋和陆面的物理、化学和生物信息,是地球系统科学(ESS)中的一个重要问题,涉及气象、海洋、气候、气候模拟、天气预报等多个领域。许多直接测量的参数,如陆地植被水分、海洋浮游植物浓度以及大气气溶胶浓度等,往往难以覆盖全球,或达到需要的时空精度。即使有定点测量,其观测信息依然非常稀疏(尤其是在海上),而且大部分位于地表或者海面。所幸常用的地球物理参量会对遥感设备测量到的电磁辐射产生影响,因此还可以采用间接估算的方式得到这些观测信息。随着遥感探测器已在卫星、飞机等不同平台上布设,我们能够通过解析遥感探测中包含的地球物理参量信号,获取地(海)面以及地(海)面以上的全球空间密度测量。

　　虽然采用不同波长电磁辐射进行遥感测量的精度是非常高的,但是基于这些测量提取得到的地球物理参量的质量却差异很大。提取信息的准确性不仅依赖于能够表征这一特定参数的信号强度及其独特性,而且也与提取参数的数学方法密切相关,即需要找到求解遥感正/反问题的有效方法。近 20 年来,神经网络已成为解决遥感正/反问题的有效数学工具,在遥感领域的应用越来越广泛。

　　基于神经网络应用解决遥感正/反问题已经被大量应用于卫星资料的地球物理参量提取,

也就是所谓的卫星反演中,表1-1中已给了许多例子。Tsang等(1992)将神经网络应用于反演一个多次散射模型,从而实现基于被动微波探测的降雪参数估计。Smith(1993)则利用神经网络反演一个简单的二流辐射传输模型,并从中分辨率成像光谱仪(Moderate Resolution Imaging Spectrometer:MRIS)数据中提取叶面积指数。此外,神经网络也被应用于模拟散射计测量并基于这些观测的风速和风向反演(Thiria et al.,1993;Cornford et al.,2001)、利用卫星观测的海洋颜色变化反演海洋和大气成分(Brajard et al.,2006)、从观测到的土壤水分和海水盐度亮温中获取海水表面盐度(Ammar et al.,2008)、开发基于植被冠层的雷达散射反演算法(Pierce et al.,1994)以及估计大气湿度(Cabrera-Mercader and Staelin,1995)、温度、水汽和臭氧的分布(Aires et al.,2002;Mueller et al.,2003)。Stogryn等(1994)和Krasnopolsky等(1995)运用神经网络反演SSM/I数据并得到海表面风场信息。Davis等(1995)则利用神经网络反演一个正向模型,从扫描式多通道微波辐射计(Scanning Multichannel Microwave Radiometer:SMMR)数据中获取了土壤湿度、表面大气温度和植被湿度信息。在此基础上,基于神经网络的SSM/I快速正向模型(Krasnopolsky,1996,1997)和SSM/I多参数反演算法(Krasnopolsky et al.,1999,2000;Meng et al.,2007;Roberts et al.,2010)得到进一步发展。Young(2009)利用神经网络模拟了一套正向模型和反演算法,并且从合成孔径雷达(Synthetic Aperture Radar:SAR)中获取风速信息。Abdelgadir等(1998)在冠层定向反射率的正、反问题建模中也运用了神经网络技术。Schiller和Doerffer(1999)则采用神经网络技术来反演辐射传输正向模型,并从中分辨率成像光谱仪数据中估算浮游植物色素浓度。

本章主要介绍神经网络在大气海洋卫星遥感中的应用。其中3.1节主要介绍遥感的两个主要问题:正问题和反问题(卫星反演)。FM的应用,主要解决的是正问题中卫星测量的直接同化过程和变分反演的问题;反问题研究则主要集中于资料同化系统中对地球物理参量的同化过程中,RA的应用。相对应地,3.2节和3.3节分别讨论了两类神经网络应用:神经网络正向模型和神经网络反演算法。3.4节则引入了一种能够进行自动化卫星反演质量控制的智能神经网络反演系统。3.5节以神经网络在SSM/I中的应用为例,分析了理论研究的实际场景应用过程。通过引入和讨论SSM/I神经网络正向模型和反演算法,并与其他技术方法进行比较。3.6节以QuikSCAT风矢量反演为例展现了神经网络技术相比标准化逐点反演模型更优越的潜在应用价值。本章最后一节分析了神经网络遥感应用的优点和局限性。

3.1　基于卫星观测提取地球物理参量:常规反演和变分反演

目前卫星遥感资料已经拥有了大量的用户和广泛的应用场景。卫星传感器获取的主要是辐射、后向散射系数和亮度温度(BTs)等测量值,而应用场景中通常涉及的是由卫星测量值中导出的地球物理参量,如气压、温度、风速和风向以及水汽浓度等。卫星的正向模型是能够根据给定地球物理参量计算得到卫星测量值,并且将卫星测量值转换为地球物理参量的反演算法。它在卫星传感器和应用场景之间起到了"媒介"的作用。

当然,从卫星测量中提取地球物理信息的方法多种多样,其基本思想分为两类:一类是"单一卫星"信息提取方法,我们也称为常规或经典反演方法。这种方法通常使用某一个特定传感器进行信息提取,有时会从同一传感器的不同通道(如频率、偏振、视角等)获得的测量数据来估算地球物理参量。另一类是变分反演技术或直接同化技术(见第3.1.2节),这类方法同时使用DAS与NWP模型分析(Prigent et al.,1997),能够利用各种气象测量信息(包括浮标、无线电探空仪、船舶、飞机等观测)以及不同卫星仪器的数据。图 3.1 和图 3.2 给出了经典反演方法和变分反演技术的流程示意图。

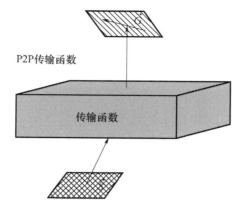

P2P传输函数

图 3.1　P2P 反演的示意图(P2P 反演算法实现的是从星下点观测像元采集到的卫星测量矢量 **S** 中计算得到某区域平均地球物理参量矢量 **G** 的过程)

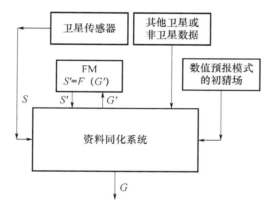

图 3.2　变分反演的示意图(分析场矢量 **G**′ 和模拟的传感器测量矢量 **S**′ 通过正向模型 F 连接起来,其中 **G** 表示的是资料同化系统 DAS 最终的矢量分析场产品)

目前也开发了许多将这两类思想综合运用的信息提取方法,主要思路是综合利用来自多个卫星传感的测量值和其他类型观测信息,同时(或)结合来自 NWP 模型的背景场或廓线来对反问题进行正则化或消除模糊(见 3.6 节)。因此这类方法是通过某种数据融合形式来对反问题进行正则化求解。

值得注意的是,在过去几年中,科学家们已经成功实现将部分卫星测量数据直接同化为现代资料同化系统。这一成果不仅提高了同化产品的质量,也有效改善了数值预报初始场。由于直接同化使用仪器本身测量值(如辐射),因此它取代或消除了在资料同化系统中使用相应地球物理参量反演的需要。然而,还有许多其他的地球物理参量还无法实现同化,或者从理论和/或实践上还不清楚如何通过直接同化将它们纳入资料同化系统。因此,仍然需要使用常规反演方法来表示这些地球物理参数,并可以有效地应用网络神经网络开发相应的反演算法。

3.1.1　常规 P2P 反演

常规的卫星数据使用方法(传统反演),包括求解一个反问题,并推导用于连接目标地球物

理参数 G(如海面风速、大气水汽辐合、海表面温度等)与卫星测量 S(如亮温、辐射、反射系数等)的传输函数 f,即:

$$G = f(S) \tag{3.1}$$

其中,G 和 S 为矢量,而 f 在这个例子中可理解为一种映射。由于上式并不直接对应于因果关系,也就是说可能有多个 G 值对应于一个 S,因此传输函数 f(也称为反演算法)通常难以从物理定律中直接推导得到。

对正向模型来说,

$$S = F(G) \tag{3.2}$$

其中,F 即为正向模型,表征了矢量 S 与矢量 G 的对应关系。由于一般而言地球物理参数会影响卫星观测信息,因此正向模型通常能够遵循因果关系,并由基本原理和物理过程(如辐射传输理论)推导得到。

因此,尽管正向模型(式(3.2))和传输函数(式(3.1))从数学的角度来看都是两个向量(S 和 G)之间连续(或几乎连续)的映射,但正问题(式(3.2))是适定的,反问题(式(3.1))则常常表现出不适定的特征(Parker,1994)。然而即使在映射(式(3.1))不唯一的情况下,这个多值映射也可认为是单值连续映射的集合。

上面讨论的正向模型和传输函数均为逐点反演算法。在这个框架中,传输函数(式(3.1))将某一特定位置的卫星测量向量 S 映射到同一位置的地球物理参数向量 G(正向模型则相反)。这个位置与地球表面的传感器星下点观测像元相对应。星下点观测像元的大小决定了传感器的分辨率,也就是说,传感器无法显示出任何小于星下点观测像元的特征。因此,星下点观测像元对应于卫星测量空间中的一个点或一个像素。反演得到的地球物理参数向量 G 的每个值,分别对应于地球物理参数空间中的一个点,代表这些参数在传感器星下点观测像元上的平均值。因此,逐点反演方法仅使用一个特定星下点观测像元的局部平均信息,且仅能反演同一位置的地球物理参数的局部平均信息。由于这种方法的基本思想是使用一个星下点观测像元的测量值生成一个向量 G(正向模式则相反),我们将这种反演方法称为点对点反演,简称 P2P 反演(示意图参见图 3.1)。

(1)物理过程反演算法

为了推导得到传输函数(式(3.1)),需要对正向模型(式(3.2))进行反演,也就是要求解正向模型的反问题。通常采用的反演方法是寻找向量 G^0,能够使得下面函数(Stoffelen and Anderson,1997)最小化。

$$\|\Delta S\| = \|S^0 - F(G)\| \tag{3.3}$$

其中,S^0 表示卫星观测矢量。对于正向模型来说,F 通常是一个复杂的非线性函数,因此这种方法会导致全尺度非线性优化问题,即表现出收敛速度慢、存在多解等情况。此外,这种方法假定传输函数是隐性的,因此不能显式地确定传输函数,同时对每个新加入的观测信息 S^0,这个过程都必须重复实施。

如果反演问题存在一个很好的近似解,也就是说地球物理参数 G^0 存在近似向量,则可以通过线性化方法来简化泛函(式(3.3))的最小化过程。当偏差矢量 ΔS 很小,同时当 $\Delta S(G) = 0$ 时,存在矢量 G 可近似表征 G^0,即 $|\Delta G| = |G - G^0|$。对 $F(G)$ 进行泰勒展开,并保留与 ΔG 相关的线性项后,可得到用于计算向量 ΔG 分量的线性方程组:

$$\sum_{i=1}^{n} \frac{\partial F(G)}{\partial G_i} |_{G=G^0} \Delta G_i = S^0 - F(G^0) \tag{3.4}$$

其中，n 表示矢量 $\boldsymbol{G}$ 的维数，上式中的导数矩阵是正向模型 $\boldsymbol{F}$ 中的雅可比项，即

$$J = \left[\frac{\partial S_j}{\partial G_i}\right]_{i=1,\cdots,n}^{j=1,\cdots,m} = \left[\frac{\partial F_j(G)}{\partial G_i}\right]_{i=1,\cdots,n}^{j=1,\cdots,m} \tag{3.5}$$

计算得到 $\Delta\boldsymbol{G}$ 后，则利用 $\boldsymbol{G}^0 = \boldsymbol{G}^0 + \Delta\boldsymbol{G}$ 进行式（3.4）的下一步迭代。这个过程通常会很快收敛到反演向量 $\boldsymbol{G}$。上述对正向模型的反演（式（3.3）和（3.4））通常被称为物理过程反演。需要强调的是，根据定义物理过程反演算法（式（3.3 和 3.4））是多参数算法，因为它们可以通过求解完成的反演向量 $\boldsymbol{G}$，同时反演多个地球物理参数。

（2）经验算法

经验算法的基本思想是从一开始就假设存在一个传输函数的显式分析表达式 f。也就是采用一个数学（或统计）模型，来建立一个地球物理参数 g_k（如风速）与卫星观测矢量 $\boldsymbol{S}$ 的关系，通常情况下这个关系可以考虑为一个回归问题，并且包含一个经验（或模型）参数矢量 $a = \{a_1, a_2, \cdots\}$，这个关系可以用如下方程表示：

$$g_k = f_{\mathrm{mod}}(\boldsymbol{S}, a) \tag{3.6}$$

其中，g_k 是的 G_k 反演估计值，而 G_k 则是与利用多参数算法（式（3.3））具有相同参数的反演量；自由参数是由时空配置下的经验（或模拟）数据集 $\{G_k, S\}$ 决定的，可以采用如最小二乘方法等这类的统计技术来计算参数 a。这种类型的检索通常被称为"全局"反演，因为获得的传输函数不限于在任何给定位置的给定卫星测量向量。式（3.6）中的下标 k 强调了大多数经验反演算法都是单参数算法。在单参数算法的情况下，反演结果 g_k 接近但不等于 G_k。例如，SSM/I 常用的是一组单参数算法，其中每个算法只能反演一个参数，如风速（Goodberlet et al.，1989）、水汽（Alishouse et al.，1990；Petty，1993）或云中的液态水（Weng and Grody，1994）。

Krasnopolsky 等（1999，2000）研究表明，与多参数反演算法相比，单参数算法对于单个反演参数 g_k 存在额外的系统性（偏差）和随机（未计入方差）的误差。这是由于多参数算法能够同时反演若干地球物理参数（即整个矢量 $\boldsymbol{G}$），而这些参数在很大程度上决定了给定时间内给定区域的大气和/或海洋表面的状态。单参数反演算法（式（3.6））在这方面表现并不好。它生成的反演结果 g_k，在没有附加信息的支撑下，无法对应未知的"平均"大气及其下垫面状态。例如，后文 3.5 节中 SSM/I 反演应用中，单参数风速反演结果与柱状水汽、液态水的具体量无关，也不对应海表温度的具体值。因此，单参数反演算法在考虑大气及其下垫面的平均态，仅由除去此次反演参数 g_k 后其他相关地球物理参数的状态集合获得。这个平均过程会在单个反演参数中产生额外的误差，而这类误差在多参数方法中不会出现。

如果 g_k 为单参数算法式（3.6）反演得到的地球物理参数，而 G_k 是相应的多参数算法式（3.4）得到的地球物理参数，则额外的系统误差（偏差）可以估计为：

$$\overline{(G_k - g_k)} = \sum_{i \neq k} \alpha_i \cdot b_i + \sum_{i \neq k} \beta_i \cdot \sigma_i^2 + \sum_{i,j} \gamma_{ij} \cdot c_{ij} + \cdots \tag{3.7a}$$

上式左端符号上方的长横线代表当 $i \neq k$ 时，对所有 G_i 进行平均，这对于单参数算法来说是未知的。b_i 和 σ_i^2 是这些地球物理参数的偏差和方差；c_{ij} 为两者的相关系数；α_i、β_i 和 γ_{ij} 为 Krasnopolsky 等（1999，2000）给出的系数。对于额外的方差或随机误差分量，也可以得到类似的估计：

$$\overline{(G_k - g_k)^2} = \sum_{i,j} \delta_{ij} \cdot \sigma_i \cdot \sigma_j + \cdots \tag{3.7b}$$

从式（3.7）中可以看出，与单参数反演相比，多参数风速反演 G_k 没有额外的系统（偏差）或随机误差，这也是多参数方法提取的显著优势之一。

　　类似物理模型的多参数方法(式(3.3)—(3.4)),在反演过程中利用经验多参数方法加入其他参数,从而能够在完整空间内反演地球物理参数,是能够有效改善单参数反演算法(式(3.6))的方法(Krasnopolsky et al.,1999,2000)。因此,与地球物理参数相关的完整矢量能够从给定的卫星测量矢量 S 中同步计算得到,即:

$$G = f_{\text{mod}}(S) \tag{3.8}$$

其中,$G = \{G_i\}_{i=1,\cdots,n}$ 是一个矢量,包含与观测到的卫星测量 S 相关的主要地球物理参数。由于式(3.1)、(3.2)、(3.6)和(3.8)均表示连续映射,神经网络技术也适合模拟正向模型,传输函数以及经验传输函数 f_{mod}。同时,相比经典统计分析方法,神经网络技术也更适合于开发经验多参数反演算法式(3.8)。

　　由于具有相同的显示传输函数,反演算法式(3.6)和(3.8)具有全局性,也就是说只要采用正确的构造方法,则可以在整个全局范围内应用。此处所说的"全局"与第3.6节中讨论的逐点反演是不同的。传输函数式(3.1)、(3.6)和(3.8)仍然遵循上述 P2P 点反演范式(图3.1)。利用传输函数(式(3.1))得到的常规反演数据与传感器测量数据具有相同的空间分辨率,并在测量数据可用的区域产生地球物理参数的瞬时值。利用常规反演得到的地球物理参数可用于许多应用场景,尤其是在数值天气预报的资料同化系统中(见3.1.2节)。

3.1.2　基于卫星测量数据直接同化的变分反演

　　传统反演方法主要求解的是数学上所谓的不适定问题(Parker,1994),其反演结果的误差特性在某种程度上非常敏感(Eyre and Lorenc,1989),容易在引入额外的误差和问题,比如有可能放大了原有的误差和不确定性。在这种情况下,容易出现高质量的传感器测量结果转化后却产生低质量的地球物理参数。这类误差可以通过采用变分反演技术或直接同化卫星测量参数来避免或减少(Lorenc,1986;Parrish and Derber 1992;Phalippou,1996;Prigent et al.,1997;Derber and Wu,1998;McNally et al.,2000)。变分反演技术可以在资料同化系统内就完成卫星信息的反演。

　　资料同化系统的作用在于为数值预报系统和气候系统准备初始条件。它将不同类型的观测资料融合到一个称为分析场的产品中(Daley,1991)。所谓数据同化,可以理解为通过多个分析循环实现的数据融合。在每个分析循环过程中,通过将当前(或者过去)的观测信息与数值预报模式的预报结果(或初猜场)相结合,形成一个对系统当前状态具有"最佳"估计效果的分析场,这个过程也被称为分析步骤。从本质上说,分析步骤的目的在于平衡数据与预报的不确定性,从而不断改进模型,并将其结果作为下一次分析循环的初猜场。

　　在变分资料同化系统创建分析场的过程中涉及到代价函数的最小化问题。一个典型的代价函数 χ,可以考虑为由观测场准确性加权得到分析值方差和,加上初猜场与初猜场准确性加权得到分析场的方差和,数学形式可表示为:

$$\chi = (\xi - \xi_b)^T B^{-1} (\xi - \xi_b) + (\xi - \xi_o)^T Q^{-1} (\xi - \xi_o) \tag{3.9}$$

需要注意的是,如上式所示,需要一个包含数值预报模式初猜场的背景项来对数据同化的不适定问题进行正则化(Parrish and Derber,1992)。ξ 表示反演得到的地球物理参数的分析场;ξ_b 表示初猜背景场;ξ_o 代表观测信息。观测精度用式(3.9)中观测误差协方差矩阵 Q 来表示,初猜场的精度用背景误差协方差矩阵 B 来表示(Daley,1991)。简单来说,在预设观测和预报都是相对准确的前提下,式(3.9)的最小化能够确保分析场不会与观测和预测偏离太远。

上节讨论经典 P2P 反演算法时，χ_G 对于方差分析代价函数 χ 式(3.9)中第二项的作用，与特定反演量 G_o 有关，其数学形式可记为：

$$\chi_G = \frac{1}{2}(\boldsymbol{G} - \boldsymbol{G_o})^T (\boldsymbol{O} + \boldsymbol{E})^{-1} (\boldsymbol{G} - \boldsymbol{G_o}) \tag{3.10a}$$

其中，$\boldsymbol{G_o} = f(\boldsymbol{S_o})$ 表示反演得到的地球物理参数矢量，$\boldsymbol{S_o}$ 为传感器测量矢量。$\boldsymbol{G}$ 为地球物理参数矢量的分析场，观测误差协方差矩阵 $\boldsymbol{Q}$ 是观测结果的期望误差协方差 $\boldsymbol{O}$ 与反演算法的期望误差协方差 $\boldsymbol{E}$ 之和。

如图 3.2 所示，变分反演或直接同化卫星数据方法，能够使用整个资料同化系统作为算法来实现正向模式反演，是在基于卫星测量数据获取地球物理参数领域中，一种能够替代经典 P2P 方法的有效手段。

在这种情况下，χ_G 对于方差分析代价函数 χ 式(3.9)中第二项的作用则与某一特定传感器观测矢量 $\boldsymbol{S_o}$ 相关，可表示为：

$$\chi_G = (\boldsymbol{S'} - \boldsymbol{S_o})^T (\boldsymbol{O} + \boldsymbol{E})^{-1} (\boldsymbol{S'} - \boldsymbol{S_o}) \tag{3.10b}$$

其中，$\boldsymbol{S'} = F(\boldsymbol{G'})$，而 F 可理解正向模型(式(3.2))，即表示地球物理参数矢量 $\boldsymbol{G'}$ 的分析场与模拟得到的传感器矢量 $\boldsymbol{S'}$ 的关系；$\boldsymbol{O}$ 为观测结果的期望误差协方差；$\boldsymbol{E}$ 为正向模式的期望误差协方差。虽然与反问题(式(3.1))相比，正问题(式(3.2))是适定的，但是整个数据同化问题仍然是不适定的，因此式(3.10a)和(3.10b)在应用过程中需要加入一个包含数值预报模式初猜场的背景项来对问题进行正则化(Parrish and Derber，1992)。

变分反演在本质上具有场变换特征，也就是说它为地球物理参数矢量 G 提供一个完整的反演场，比如在全球资料同化系统中反演得到的地球物理参数矢量就是全球的。这种场变换反演方法实现了从卫星探测场向地球物理参数场的转换，因此可以理解为场变换 F2F(field-to-field)反演模型(参见 3.6 节)。场量 G 与资料同化系统中使用的数值预报模式具有相同的分辨率，而这个分辨率可能低于也可能高于常规反演的分辨率。

变分反演结果融合了包括卫星观测数据、地面观测和数值模式初猜场等多源信息，其反演过程并不是瞬时的，通常是在分析周期内取时间平均，因此反演过程涉及的场变量通常具有连续性和一致性，也就是说不会出现如 3.6 节提出的散射计反演风场的方向模糊问题。稀疏常规反演也可以通过数据同化过程式(3.9)转换为连续场。

需要强调的是，在常规反演中使用显式传输函数和在变分反演中使用正向模型之间有一个非常显著的区别。在常规的反演中，显式传输函数式(3.1)通常具有比较简单的形式(例如，回归或神经网络)，并且在每次传感器观测中应用一次就可以得到一个地球物理参数。在变分反演中，正向模型通常比显式传输函数更加复杂。同时在对代价函数(式(3.10b))最小化的过程中，资料同化系统中每执行 k 次迭代，都要计算由偏导数组成的雅可比矩阵。而正向模型的雅可比矩阵包含了 $m \times n$ 个偏导项，其中 m 和 n 分别表示矢量 G 和 S 的维数。考虑到资料同化系统本身非常耗时，因此雅可比矩阵的计算时间在这里成为一个非常重要的问题。由此可见，在变分反演中对前向模型的简单程度是有严格要求的，因此通常需要将正向模型简化为特殊的快速模型。

3.2　模拟正向模型的神经网络

正向模型通常是复杂的，这是由于其描述物理过程本身的复杂性以及所基于的第一原理

(如辐射传输理论)形式上的复杂性。与此同时,卫星测量数据对正向模型所描述的地球物理参数之间的依赖关系也是复杂且非线性的,而且这些依赖关系还可能会表现出不同类型的非线性行为。正如上节所讨论的,正向模型通常用于物理过程反演(PB)算法。在这类算法中,正向模型通过数值反演来得到地球物理参数,同时也可以在资料同化系统中用于直接同化卫星测量数据(变分反演)。数值反演和直接同化都是迭代过程,每个卫星测量都需要多次计算正向模型及其雅可比矩阵(式(3.5))。因此,反演过程非常耗时,对于操作性(实时)应用程序来说,成本可能非常高。

对于操作性(实时)应用程序,有快速和准确的简化正向模型是至关重要的。由于正向模型映射的函数复杂性(参见2.2.2节)通常没有其物理和数学复杂性那么大,神经网络可以快速准确地模拟正向模型。此外,只需要少量额外的计算工作,就可以得到该神经网络的完整雅可比矩阵。这是神经网络在反演领域应用的巨大优势,可以通过精细测试和控制神经网络模型及其神经网络雅可比矩阵得到很好的应用效果(见2.4.4节)。本书5.1节将介绍在资料同化系统中使用神经网络正向模型(也称观测算子)的具体应用实例。本节将讨论利用神经网络集成技术来提高其雅可比矩阵精度的过程。

要为正向模型开放一个神经网络模拟器,需要建立一个包含由地球物理参数和卫星测量值的匹配向量对组成的训练集,$\{G, S\}_{i=1,\cdots,N}$。通过存在物理过程反演的正向模型,则可以用它来模拟训练集,否则,可以用经验数据来创建训练集。

3.3 求解反问题的神经网络:神经网络仿真反演算法

神经网络至少有两种不同的方式作为反演算法被应用。第一种是如3.2节讨论,在物理过程反演算法中,使用一个快速的神经网络来模拟复杂而缓慢的物理过程正向模型及其雅可比矩阵,以加快本地反演过程(如式(3.4)所示)。第二种是使用神经网络进行全局反演来显式地反演正向模型。此时的反演结果是,神经网络能够提供一个显式反演算法(或传输函数),这显然是一个可用于反演的反问题解决方案。为了训练得到一个模拟显式反演算法的神经网络,需要建立一个训练集$\{G, S\}_{i=1,\cdots,N}$。对于正向模型而言,模拟或经验数据均可用于构建训练集。

除了与正向模型相关的高复杂度和非线性特征外,由于反演算法是针对反问题的解决方案,而通常情况下反问题表现出的不适定特征容易导致反演算法出现一些问题。为了处理和解决这些额外的问题,要求用于开放反演算法的数学工具必须是精确且稳定的。神经网络作为模拟非线性(连续)映射的快速、准确、灵活且通用的工具,可以有效地应用于建模多参数反演算法。另一个与反演相关的问题是反问题解的正则化。为了对一个不适定反问题进行正则化,需要引入额外的(正则化)信息(Vapnik and Kotz,2006)。神经网络技术具有足够的灵活性,因此,可以将正则化信息作为额外的输入和/或输出,也可以作为误差或损失函数(式(2.11))中的额外正则化项。如在使用神经网络从卫星测量数据中同时反演温度、水汽和臭氧大气剖面方面的开创性工作中(Aires et al.,2002;Mueller et al.,2003),作者利用了神经网络的灵活性,在基于神经网络的反演算法中引入了来自大气模型或资料同化系统中气象要素廓线的初猜场作为额外的正则化输入。Roberts等(2010)则使用海表面温度(SST)的初猜场作为额外的输入,以提高他们的神经网络多参数检索算法的精度。

3.4　神经网络正则化和反演质量控制

神经网络非常适合于描述多个变量之间复杂的非线性关系,多光谱遥感应用就是一个很好的例子。而优秀的神经网络模拟器具备良好的插值特性,然而当其应用于外推时,可能会出现不切实际的结果(见 2.4.3 节)。由正向模型模拟数据或经验数据构建的神经网络训练数据是全域 D 中的某一特定范围子集 D_T。

在构建针对传输函数的神经网络模拟器 f_{NN} 时,作为输入量的卫星观测数据通常不包含在子集 D_T 中。导致这种输入数据与训练数据的低维子集 D_T 出现偏差的原因有很多,例如简化正向模型的设计、忽略了模型内参数的自然变化以及在训练数据生成过程中忽略的观测误差等。举个例子:当使用经验数据作为训练集时,极端事件(即地球物理参数的最高值和最低值)通常不会在训练集中得到充分的表示,因为它们很少发生。因此,在反演过程中,某些情况下真实数据会强迫神经网络模型 f_{NN} 进行外推。外推产生的误差将随着输入点与子集 D_T 的距离增大而增大,同时也受输入点相对 D_T 方向的影响。

为了识别出在神经网络训练阶段没有预见到的神经网络输入,避免出现超出了反演算法使用范围的情况,可以采用如下的有效性检查方法(Krasnopolsky and Schiller,2003)。首先假设正向模型 $S=F(G)$ 存在一个反函数 $G=f(S)$,则可定义 $S=F(f(S))$。随后假定 f_{NN} 是神经网络在区域 D_T 内的反问题应用模型。因此,正如前文讨论,对于 $S_0 \notin D_T$ 时,$G_0 = f_{NN}(S_0)$ 的结果是不确定的,而且通常情况下 $F(f_{NN}(S_0))$ 不等于 S_0。因此,反演有效性

$$S = F(f_{NN}(S_0))\tag{3.11}$$

满足的必要条件是 $S \in D_T$。然而如果在神经网络 f_{NN} 的应用中,S 并不属于 D_T 范围内,那么神经网络 f_{NN} 会出现强迫外推的情况,此时有效性条件不满足,且通常情况下,此时的反演结果 G 是没有意义的。

反演有效性条件(式(3.11))还可应用于另一种常见情况,即当卫星测量信息本身不携带任何地球物理参数的信号,或者这些信号非常弱且有噪声。例如,在利用卫星观测信息反演各种地表参数时,可能会出现来自地表的辐射完全被浓密深厚的云层遮挡的情况。而在这种情况下,反演 $G_0 = F(f_{NN}(S_0))$ 不满足有效性检查,因此反演结果也是没有意义的。以往研究中为了解决这样的问题,通常情况下可引入反演标志(Stogryn et al.,1994),即利用理论和经验方法,在区域 D 中将上述可能导致反演无意义的情况识别出来。但是在具有复杂集合形状的多维域中提前引入反演标记是非常困难的,甚至可以说是不可能实现的,然而通过使用有效性条件,可以实现反演过程中可疑结果的识别。

在实际应用中,有将此类可疑结果识别出来并进行更准确的评估是进行数据信息质量控制的必要条件。因此,有效性检查可作为制定质量控制程序的基础。质量控制程序通常应用于在线卫星反演和资料同化系统中。为了进行有效性测试,在每次反演后都需要计算正向模型。这就对正向模型的计算速度和精度提出了要求。此时,可以通过训练一个能精确模拟原始正向模型的神经网络来满足其计算速度和精度的要求。可见,一种快速的有效性检测算法是由反向和正向神经网络组合而成的,而这个算法除了能进行反演,还能够计算反演的质量,即:

$$\delta = \| S - F_{NN}(f_{NN}(S)) \|\tag{3.12}$$

最后,通过求解式(3.12),可以得到关于计算有效性的范围检查结果,其中 S 是由卫星观测信息计算得到的。这种反演有效性检查方法可应用于:①在正向模式和/或传输函数不匹配的情

况下进行检测;②可以在具有复杂几何形状的值域内,对反演参数进行范围检测;③可以用于反演的质量控制中,并对可疑反演进行标记。④可将存在于值域 D 内但并未充分表示出来的数据挑选出来,并用于扩展训练集。本书 3.5.3 节中将具体介绍反演有效性检查方法在 SSM/I 中的应用。

还有一个更直接的方法来控制卫星反演的质量。额外训练一个"误差"神经网络来预测由神经网络反演算法产生的反演误差。误差神经网络可以使用与训练神经网络反演算法相同的训练集来进行训练。因此,误差神经网络具有与神经网络检索算法相同的输入,并且得到相应的输出,而这个输出量即为对反演误差的估计。误差神经网络与神经网络反演算法并行工作。后者产生反演,前者产生反演的误差估计。如果误差估计大于预定阈值,则将反演结果标记为不可靠。误差估计通常与反演误差本身不同,但却高度相关。因此,它不能用于错误纠正,而只能用于质量控制。在复合参数化的背景下,本书 4.6.5 节介绍了基于误差神经网络的质量控制过程。

3.5 基于 SSM /I 数据的神经网络模拟

在前面的章节中,本书讨论了使用神经网络建模传输函数和正向模型的理论可能性和前提。在本节中,将具体介绍这些理论在 SSM/I 信息同化和反演中的实际应用。SSM/I 自 1987 年开始使用,目前已经成为发展比较成熟的空基探测仪器,某些 SSM/I 仪器(如 F8、F10、F11、F13 等)已经运行了很长一段时间。SSM/I 主要搭载在极轨卫星上,而极轨卫星的轨道周期为 102 min,也就是说每颗卫星每天两次覆盖某一海洋盆地,一次在下降轨道,一次在上升轨道。SSM/I 的扫描带宽约为 1400 km,在 4 个频率(19、22、37 和 85 GHz)7 个通道中产生亮温数据(除 22 GHz 通道仅检测垂直极化外,其余每个频率均包括垂直极化和水平极化两个通道)。探测信息的空间分辨率分别约为 50 km(19 GHz 和 22 GHz)、30 km(37 GHz)和约 15 km(85 GHz)。

SSM/I 通过被动接收从海洋表面发射并通过大气传输的微波辐射,推测得到亮温信息。辐射的发射过程中会受到海表面风速的影响,海面上方空气温度、湿度以及海表面温度的影响,其中海表面风速是通过改变海洋表面的粗糙度来影响辐射。同时微波辐射在大气中的传播过程会受到大气中水汽和液态水累积量的影响(Wentz,1997)。由此可见,亮温信息包含了上述所有物理参数的特征,可以利用反演算法提取表面风速、气温、湿度、柱状水汽累积量、柱状液态水累积量以及海表面温度这些参数。

3.5.1 SSM/I 中针对经验正向模型的神经网络模拟

为 SSM/I 开发的经验正向模型描述了地球物理参数矢量 G 与卫星亮温矢量 S 之间的关系,其中 $S=\{T19V,T19H,T22V,T37V,T37H\}$。在表征亮温的符号 TXXY 中,$XX$ 表示频率,单位为 GHz;Y 表示极化方式。地球物理参数矢量 G 包括 4 个参数,即表面风速 W、柱状水汽 V、柱状液态水累积量 L 和海表面温度 SST,可记为 $G=\{W,V,L,Ts(SST)\}$。上述参数均为卫星遥感探测中影响亮温信息的主要参数,通常在物理过程正向模型中作为输入量(Petty and Katsaros,1992,1994,下文简称 PK;Wentz,1997,下文简称 Wentz)。而 Krasnopolsky(1996)构造的用于实现这一 SSM/I 正向模型的神经网络模拟(表 3.1 中 FM1)有 4 个输入量(W、V、L、SST),1 个包含 12 个神经元的隐藏层,以及 5 个非线性亮温输出量$\{T19V,T19H,T22V,T37V,T37H\}$。由此可计算出输出量对输入量的导数,记为雅可比矩阵(式(3.5))。

在直接同化 SSM/I 亮温信息的过程中,需要计算 SSM/I 梯度对成本函数 χ_s(式(3.10b))的贡献时,也需要雅可比矩阵(Parrish and Derber,1992;Phalippou,1996)。可见计算正向模型及其导数的神经网络模拟相比计算辐射传输正向模型是更简单和更快的任务。

利用美国海军舰队数值气象海洋中心建立的原始浮标-SSM/I 匹配数据库对神经网络算法进行开发、验证和比较。除高纬度和高风速情况外,该数据库非常有代表性。为了优化该数据库在高纬度地区的可信度,加入了由欧洲高纬度海洋气象观测船 Mike 和 Lima 的匹配数据库,并采用了各种滤波器来去除错误和噪声数据,具体讨论可参考 Krasnopolsky(1996)和 Krasnopolsky 等(1996,1999)。

表 3.1　晴空以及晴空和多云(括号内)条件下物理过程辐射传输与经验神经网络正向模型的比较

作者	类型	输入	亮温均方根误差/K	
			垂直方向	水平方向
Petty 和 Katsaros(1992)	物理过程	W,V,L,SST,Theta PO, HWV,ZCLD,Ta,G	1.9(2.3)	3.3(4.3)
Wentz(1997)	物理过程	$W,V,L,SST,Theta$	2.3(2.8)	3.4(5.1)
Krasnopolsky(1996)	神经网络,FM1	W,V,L,SST	1.5(1.7)	3.0(3.4)

注:Theta 表示入射角,P0 表示表面温度,HWV 表示水汽标高,ZCLD 为云高,Ta 为有效表面温度,G 为气温直减率。

SSM/I(F11)的匹配数据库中,约 3500 个匹配数据用于训练正向模型,而约 3500 个匹配数据用于验证。在根据 Stogryn 等(1994)方法进行反演标记,且不考虑微波辐射不能穿透云层的情况后,利用晴空和多云天气条件对应的所有匹配数据对正向模型的神经网络模型(FM1)进行训练。然后利用 F10 仪器的约 6000 个配对数据对 FM1 与物理过程的正向模型(Petty and Katsaros,1994;Wentz,1997)进行测试和比较。由表 3.1 可以看出,FM1 的均方根误差(RMSE)系统性地优于 PK 和 Wentz 正向模型考虑了所有天气条件和考虑所有通道的结果。对于神经网络正向模型,水平极化通道 19H 和 37H 的均方根误差最大,在晴空条件下为约为 2.5 K,晴空和多云条件下为 3 K;垂直极化通道的均方根误差较低,晴空时为 1.5 K,部分晴空和多云条件下为 1.7 K。在 PK 和 Wentz 正向模型中也存在相同的误差分布特征。表 3.1 中给出了上述 3 种正向模型基于大量数据的均方根误差分析。表中均方根误差分析过程中在不同正向模型中对垂直和水平极化进行评价,其结果与前文叙述稍有不同。

表 3.2　晴空以及晴空和多云(括号内)条件下不同 SSM/I 风速算法的误差分析

算法出处	方法	偏差/(m/s)	总均方根误差/(m/s)	风速大于 15m/s 时的均方根误差/(m/s)
GSW:Goodberlet et al.,1989	多元线性回归	−0.2−05	1.8(2.1)	(2.7)
GSWP:Petty,1993	广义线性回归	−0.1(−0.3)	1.7(1.9)	(2.6)
Was:Goodberlet and Swift,1992	非线性回归	0.5(0.7)	1.8(2.5)	(2.7)
Wentz:Wentz,1997	物理过程	0.1(−0.1)	1.7(2.1)	(2.6)
NN0:Krasnopolsky et al,1995	神经网络	0.0(0.0)	1.4(1.6)	(3.5)
NN1:Krasnopolsky et al,1996,1999	神经网络	−0.1(−0.2)	1.5(1.7)	(2.3)
NN2:Meng et al,2007	神经网络	(−0.3)	(1.5)	—
NN3:Roberts et al,2010	神经网络	(−0.2)	(1.6)	—

因此，就均方根误差而言，神经网络正向模型给出的结果与更复杂的物理过程模型得到的结果相当，甚至更好（见表 3.1），而且比物理过程正向模型简单得多。神经网络正向模型不像辐射传输模型那么通用，主要针对的是资料同化系统中用于特定频率和特定仪器的 SSM/I 亮温信息的变分反演和直接同化。作为特定的应用算法（或直接同化），神经网络正向模型明显更简单和计算速度也更快，这在实际应用场景中是非常重要的。同时在考虑雅可比矩阵计算精度时，神经网络正向模型不仅可以同时计算亮温和雅可比矩阵，其雅可比矩阵的计算结果也是足够光滑的（Krasnopolsky，1996）。在 5.1 节中还会给出一种通用的神经网络集成技术（Krasnopolsky，2007），该技术能够进一步提高神经网络雅可比矩阵的稳定性并减少了不确定性。

3.5.2 针对 SSM/I 的神经网络经验反演算法

SSM/I 的风速反演问题是能够验证本书 3.1 节和 3.3 节中所讨论内容的完美的案例。在其风速反演所遇到的问题非常具有代表性，同时求解方法也可推广到其他地球物理参数和传感器探测信息中。目前已经开发了大约 10 种不同的针对 SSM/I 风速检索算法，既有基于经验的，也有基于物理过程的，采用的建模方法也非常广泛。在这一小节中，对这些算法进行比较，并说明不同方法的具体特性，同时给出神经网络反演算法在此方面应用的优点和局限性。

Goodberlet 等（1989）开发了第一个基于经验的全球 SSM/I 风速反演算法，即为表 3.2 给出的 GSW 算法。这个算法是一个仅针对反演风速的单参数算法，且只考虑其与亮温信息是线性关系。比如针对式（3.6）中的 f_{mod}，采用的是多元回归方法来逼近 SSM/I 的传输函数，表达式：

$$W_{GSW} = 147.9 + 1.0969T19V - 0.4555T22V - 1.76T37V + 0.786T37H$$

该算法给出了非线性 SSM/I 传输函数 f（式（3.6））的线性近似。在晴空条件下，反演的风速精度是可以接受的；然而在多云的情况下，大气中的水汽和/或云水数量的增加，会导致反演风速的误差显著增大（表 3.2）。

Goodberlet 和 Swift（1992）通过引入合理的非线性项，尝试利用非线性回归来改进 GSW 算法，即为表 3.2 中的 W_{GS} 模型，表达式为：

$$W_{GS} = \frac{W_{GSW} - 18.56\alpha}{1 - \alpha}$$

其中，$\alpha = \left(\frac{30.7}{\Delta_{37}}\right)$，且 $\Delta_{37} = T37V - T37H$。

由于 SSM/I 传输函数在多云条件下的非线性特征尚不明确，采用假定形式的非线性回归并不足以提高算法的性能。而且当观测到的风速小于 15 m/s 时，GS 算法容易产生虚假的高风速反演结果（Krasnopolsky et al.，1996）。

Petty（1993）引入了一种基于广义线性回归的非线性算法，称为 GSWP 算法。该算法引入了更能准确描述传输函数非线性特征的非线性项，即在大气中水汽含量 V 大于 0 时，在 GSW 算法中引入非线性修正项，从而得到了较好的改进效果。其表达式为：

$$W_{GSW_P} = W_{GSW} - 2.13 + 0.2198 \cdot V - 0.4008 \cdot 10^{-2} \cdot V^2$$

其中，$V = 174.1 + 4.638 \cdot \ln(300 - T19V) - 61.76 \cdot \ln(300 - T22V) + 19.58 \cdot \ln(300 - T37V)$。

表 3.2 给出的结果表明，与线性 GSW 算法相比，GSWP 算法提高了晴空和多云条件下反演的准确性。然而 GSWP 算法对于高风速条件下的反演结果的改善并不理想。这是由于大多数高风速事件出现在水汽含量并不高的中高纬度地区，这些地区云中液态水是传输函数中非线性项的主要来源，但是 GSWP 算法中并没有考虑云中液态水的影响。

相比基于回归的统计方法,神经网络能够对传输函数的非线性过程具有更好的描述能力,神经网络算法已经作为非线性和广义线性回归的替代方法。Stogryn 等(1994)开发了第一个基于神经网络的 SSM/I 风速反演算法。该算法是由分别进行晴空条件和多云条件下风速反演的双神经网络组成,这两个神经网络都是以表面风速作为单个输出,因此仍然属于单参数算法。Krasnopolsky 等(1995)研究表明,一个具有相同结构的单输出神经网络(表 3.2 中 NN0)同样可以对晴空和多云条件下的表面风速进行反演,且可以达到 Stogryn 等(1994)给出的双神经网络的反演精度。与 GSW 算法相比,单一神经网络模型的应用显著改善了风速反演精度。在高湿/多云条件下神经网络算法的改进效果可以超过 25%～30%;而在出现重要天气过程的区域,在其实际覆盖范围内的风场反演精度可以提高 15%(图 3.3)。

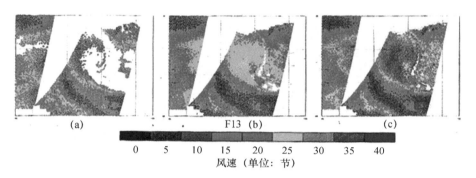

图 3.3　澳大利亚东北部一次中纬度风暴过程的 SSM/I(F13 卫星)信息反演得到的风速场。每张图中都显示了两条通道(上升和下降)的反演结果,由 a—c 分别为 GSW、NN0 和 NN1 算法的风速反演结果。GSW 算法无法提供高湿区的可信反演结果(a 白色区域);NN0 算法反演结果能够填补了这些区域,但是对于强风速表现为明显的低估(b);NN1 算法则较为准确地给出了高湿区的强风速反演结果(c)。图中单位:1 节(knot)≈0.514 m/s(见彩图)

由于使用了相同的匹配数据库进行开发,因此上述两种神经网络算法给出的结果非常相似。然而需要注意的是,由于数据库本身未包含风速高于 20 m/s 的匹配数据信息,甚至风速高于 15 m/s 的匹配数据也非常少。同时这些算法仅是单参数算法,即只反演一个参数——风速。因此,无法描述所有相关大气状况(如水汽和液态水)以及表面参数(如海温)的变化情况,而这些信息和参数在风速较高时作用非常明显。这就是为什么单参数神经网络反演算法会出现同样的问题:无法以可接受的精度反演高于 18～19 m/s 的风速(见表 3.2 和图 3.3)。

由 Krasnopolsky 等(1996,1999)开发的多参数神经网络算法 NN1(见式(3.8)),通过三个方面解决了高风速反演缺失或精度不高的问题(见表 3.2 和图 3.3)。第一,在该算法的开发中使用了新的浮标——SSM/I 匹配数据库。它包含了由美国海军研究实验室提供的 F8、F10 和 F11 传感器的大量匹配数据集,并增加了来自欧洲海洋气象船 Mike 和 Lima 的额外数据,用于提供高纬度、高风速天气过程(风速可达到 26 m/s)的相关信息。第二,对神经网络训练方法进行了改进,增强了对高风速范围的学习过程。第三,考虑了相关的大气和地表参数的变化,并同时反演地表风速(W)、柱状水汽含量(V)、柱状液态水含量(L)以及海表面温度(SST)。通过上述工作,地球物理参数的输出矢量可表示为 $G=\{W,V,L,SST\}$。NN1 算法使用了 5 个 SSM/I 通道,包括了 19 GHz 和 37 GHz 的水平和垂直极化通道,以及 22 GHz 的垂直极化通道。

图 3.3 显示的是一次位于澳大利亚东北部的中纬度风暴过程中,GSW、NN0 和 NN1 算法风速反演结果的对比。在接近风暴中心的高湿度地区,GSW 算法不能产生可靠的反演结果,

即在风暴活跃区域可以看到明显的白色区域,表示反演结果缺失(图3.3a)。如果能够提供这些区域的风速,将对资料同化系统产生显著的改进效果。NN0算法虽然填补了这些缺失的反演信息,但是对风速大小明显低估(图3.3b)。NN1算法则在高湿条件也能提供可靠而准确的强风反演结果(图3.3c)。

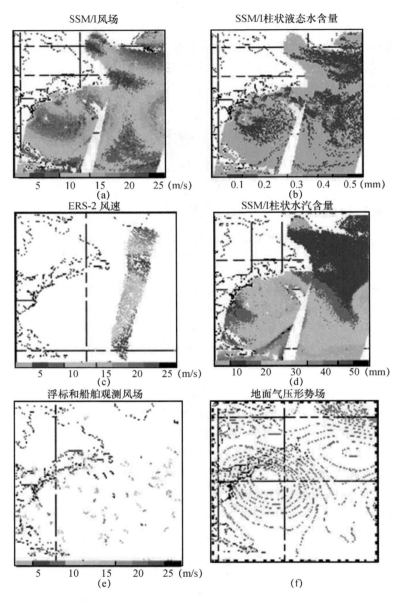

图3.4 基于NN1算法得到的参数反演结果与同一时段内观测信息及模拟结果的比较。包括:基于NN1算法反演得到的风速(a)、柱状液态水含量(b)和柱水汽含量(d)与散射计(ERS-2)风场(c)、浮标观测风场(e)以及模式气压场(f)。(见彩图)

Meng 等(2007)基于 Krasnopolsky 等(1996,1999)的多参数反演方法设计了另一套针对 SSM/I 的神经网络多参数反演算法,即表 3.2 中的 NN2 算法。NN2 使用了 7 个 SSM/I 亮温通道信息作为输入量,输出量同样有 4 个参数:$G=\{W,Ta,H,\text{SST}\}$,实现了表面风速(W)、表面气温(T_a)、湿度(H)和海表面温度(SST)的同时反演。该算法训练数据库最大风速仅限于 20 m/s,同时也仅包含了少量能够达到或超过 15~17 m/s 的强风过程。

Roberts 等(2010)为 SSM/I 开发的神经网络多参数检索算法(表 3.2 中的 NN3)中,改进了对高云液态水影响的计算效果,并使用了 SST 初猜场作为额外的神经网络输入。该算法与以往算法相比,显著改善了空气温度、比湿和海表面温度的误差特征。

表 3.2 对上述所有经验算法在反演地面风速精度的性能方法进行比较,同时还展示了 Wentz(1997)开发的物理过程反演算法的结果,该算法基于对物理过程正向模型的线性化数值反演(式(3.4)),采用独立数据集进行计算。从表 3.2 可以看出,神经网络算法的性能优于其他所有算法,且除神经网络算法外其他算法都存在高估高风速的倾向。这是因为高风速事件通常伴随着大气中大量的云液态水,而在这种情况下,传输函数 f 通常表现为复杂的非线性特征,简单的单参数回归算法无法充分表示该函数,从而导致在高浓度云液态水的区域出现高风速量值的混淆。在神经网络算法中,NN1 算法在偏差、均方根误差和高风速精度方面表现出最好的整体性能。

如前所述,NN1 算法的一个显著优点在于它不仅能反演风速,还能同时反演另外 3 个大气和海洋表面参数:柱状水汽含量(V)、柱状液态水含量(L)和海表温度(SST)。Krasnopolsky 等(1999)研究表明,NN1 算法对其他地球物理参数的反演准确性也很高,其结果可信度高于 Alishouse 等(1990)开发的针对风速(W)的算法,以及 Weng 和 Grody(1994)开发的针对柱状液态水含量(L)的算法。此外,Krasnopolsky 等(1999,2000)研究也表明,与单参数算法相比,多参数神经网络算法的误差对大气和地表相关参数的依赖性较弱。同时,虽然反演得到的 SST 在这种情况下是不准确的,均方根误差达到 4℃(Krasnopolsky et al.,1996),将海表温度包含在反演参数的向量中,可以减少其他与海表温度相关要素的反演误差。图 3.4 显示了 3 个参数(W、L 和 V)反演场结果的匹配度,同样也表明表面 SSM/I 反演的风速与欧洲遥感散射计 ERS-2 反演的风速以及浮标测量的风速都很一致。

对于多参数神经网络算法 NN2(Meng et al.,2007),选择与海表温度(SST)物理相关的附加输出(如地表气温 T_a 和湿度 H),能够使得偏差减小 0.1℃,均方根误差降为 1.54℃,说明能够明显提升反演海表温度的精度。根据经典的"线性"遥感探测范式,SSM/I 仪器中不包含对 SST 信息敏感的频率通道。然而,由于神经网络仿真的非线性性质和输出参数的正确选择,多参数神经网络算法可以利用神经网络输入与输出、以及输出之间的弱非线性依赖关系,以更高的精度实现 SST 反演。此外,多参数神经网络算法 NN3 算法(Roberts et al.,2010)引入了海温的初猜场作为附加输入,在神经网络技术灵活性的帮助下,使得 SST 反演的均方根误差为 0.6℃,偏差几乎达到 0,更大程度上提升了 SST 反演的准确性。

3.5.3　SSM/I 的神经网络泛化控制

1998 年以来,NN1 反演算法已成为美国国家海洋和大气管理局(National Oceanic and Atmospheric Administration:NOAA)与美国国家环境预测中心(National Centers for Environmental Prediction:NCEP)全球资料同化系统的业务应用算法。通过给定 5 个亮温通道信息,反演得到了 4 个地球物理参数:海面风速、水汽、液态水浓度和海温。在高浓度的液态水中,微波辐射无法穿透云层,地面风速也无法反演。这种情况下输入的亮温所匹配的地球物理参数远超出训练集值域 D_T。此时反演算法如果没有将这类情况进行正确标记的话,产生的风速反演结果是没有物理意义的,也就是说反演出的是与输入信息不相关的表面风速。通常会基于全局统计特征对这类事件进行统计反演标记,然而这种方法在复杂的局部条件下容易产生大量的虚警,甚至有可能出现漏标的情况。

图 3.5 给出了有效性检查的过程,在标准化的反演标记帮助下,能够将无意义的反演事件检测出来。如图 3.5 所示,SSM/I 的神经网络正向模型(FM1,参见 3.5.1 节)也被用于 NN1 反演算法。将每个卫星探测基于亮温信息(S)反演得到的地球物理参数输入 SSM/I 的神经网络正向模型(FM1)后会产生另外一组亮温信息(S_0)。对于训练区域内的 S,两者偏差是非常小的;而对于训练区域外的 S,当两者差异超过给定阈值 ε 则会进行警告标记。Krasnopolsky 和 Schiller(2003)研究表明,采用泛化控制可以显著降低均方根误差和最大误差。因此,这种方法在消除异常值方面非常有效。

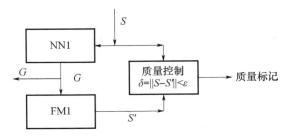

图 3.5 智能化反演系统结构示意图。具体包括 SSM/I 反演算法 NN1、物理正向模型 FM、神经网络正向模型 FM1、以及进行有效性检查的质量控制模块。NN1 算法是对地球物理参数矢量 G 反向模型的模拟,其主要实现的过程是,在给定包含 5 个亮温通道的输入矢量后,反演得到海面风速(W)、水汽(V)、液态水(L)浓度和海面温度(SST)。矢量 G 输入正向模型模拟算法 FM1 后,得到亮温信息 S'。偏差 $\delta = |S - S'|$ 即可用于监测并在超过合适的给定阈值 ε 后进行质量预警标记。

3.6 神经网络超越反演方法

3.6.1 逐点反演方法

到目前为止,所有讨论和提出的反演算法都符合逐点反演(见 3.1.1 节和图 3.1)。在这一反演的框架内,反演算法式(3.4)、(3.6)和/或式(3.8)将在特定位置获得的卫星测量向量 S 映射为在同一位置获得的地球物理参数向量 G。可以看出,利用 SSM/I 点到点(P2P)的方法,能够得到令人满意的反演结果。这些算法所使用的亮温数据提供了足够的信息,以可接受的精度反演得到风速和其他地球物理参数。然而,P2P 模式并不总是有效的。例如,利用快速散射计卫星(QuickScaterometer:QuikSCAT)信息反演风矢量时,这种范式就不适用,需要采用在反演过程中引入额外信息的方法加以完善。

3.6.2 逐点反演的主要问题

QuikSCAT 传感器是一种空基散射计,设计用于在 1800 km 宽(72 个单元)范围内提供高分辨率的海洋表面风矢量反演(单个分辨单元的大小约为 25 km)。该仪器有两个光束,水平极化和垂直极化,入射角分别为 54°和 46°,可以为每个目标单元提供 4 种不同的后向散射测量(前后各两种)。对于沿扫描带的大多数单元,QuikSCAT 提供 4 个后向散射测量和一个方位角探测结果。从理论上讲,这些信息是足以进行精确的海面风矢量反演的。

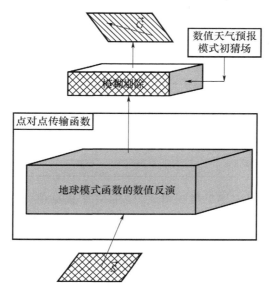

图 3.6　QuikSCAT 反演算法示意图。主要包括:由地球模式函数(Geophysical Model Function:GMF)生成的点对点传输函数(P2P TF)以及利用数值预报模式初猜场进行场变量(Field-wise)模糊提出的扩展程序

目前使用的反演算法(Dunbar et al.,2006)的基本流程参见图 3.6,主要包括两个基本步骤:

(1)根据最大似然原理(式(2.10))对 QuikSCAT 经验正向模型(或地球模式函数)进行数值反演。这个反演结果会产生 1~4 个风矢量或模糊解。在这一步骤中,实际上是隐式地确定了一个点对点传输函数。

(2)模糊消除步骤。即使用一个中值滤波器以及 NCEP 的全球模式的输出风场作为初猜场,从 4 个算法解决方案中选择或者逼近一个最接近初猜场的解。

在这种情况下,点对点传输函数本身不完备是不够的,因此反演得到的风矢量精度也并不理想,尤其是风向(见下文)。此外,从相邻观测单元中提取的矢量信息常常出现彼此不一致的情况,很难计算得到一个平滑、连续的风场。因此,局部的、点到点的反演方法不足以针对QuikSCAT 观测信息反演得到能够满足合理精度要求的连续风矢量分布场。

由此可见,为了得到平滑连续的风矢量场,反演过程需要加入额外的非局部的场量信息。模糊剔除模块的作用就是利用数值天气预报 6 h 模式预报场作为初猜场,以提供这类额外的非局部场量信息。与模型或分析得到的风矢量场相比,产生的逼近风场是平滑的,并具有良好的统计特性(见表 3.4 中的偏差和均方根误差),可以很好地应用于海洋气象等多个领域。然而,如果我们希望反演能够同时提供没有平滑的、单独像元的卫星原始观测风场信息(如用于资料同化系统),那么就会出现问题(Krasnopolsky and Gemmill,2001)。

从信息的角度来看,基于模式初猜场的模糊剔除模块得到的逼近风矢量场结合了两种不同来源的信息,包括:①由最大似然解表示的关于风矢量的局部卫星点方向信息,以及②由资料同化系统和数值预报模型产生的关于同一风矢量场的非局部场方向信息,存储在初猜场的风矢量场中。模糊剔除模块实际上可以理解为对卫星反演和模式初猜场两种类型信息进行的平滑、融合或集成。

卫星信息在逼近解决方案中的贡献存在区域差异,比如风矢量场的某些区域(如在扫描带和暴雨区之间)表现为真实的连续风场特征,然而这类风场中可能只包含了很少的卫星原始观测风场信息。例如在极端情况下,即最大似然解中没有关于风矢方向的卫星原始观测信息,那么只能通过模糊剔除模块利用初猜风矢量场选择逼近解。由此可见,传统的误差统计数据在这种情况下不能作为反演风场质量的指标。

表 3.3　不同模糊值条件下的均方根误差($M>1$)

M	2	3	4	6
RMSEW	73°	49°	37°	25°

首先假定对于每个 QuikSCAT 风矢单元,存在 M 个模糊值($1 \leqslant M \leqslant 4$),因此每个模糊风矢量的单位角度为 $\beta = 360°/M$(Krasnopolsky and Gemmill,2001)。同时假定所有基于卫星反演得到这些模糊风矢量的风向都被随机数字替代,也就是说卫星观测信息中不包含任何风向信息。这些随机数字均分布在 $[0, \beta]$ 内。在这种情况下,风向的概率密度函数为 $P(x) = 1/\beta$。当采用模糊剔除模块对这些风矢进行处理时,可以得到逼近解的均方根误差 $RMSE_N$。$RMSE_N$ 是通过与初猜场风矢量场的方向进行对比计算得到的,而初猜场的风向同样也是假设按随机数分布的。在这种假设情况下计算得到 $RMSE_N$ 可以提供无探测手段或无探测信息条件下风向的逼近解的均方根误差,形式为:

$$RMSE_N = \sqrt{\int_0^\beta \int_0^\beta (x_1 - x_2)^2 \cdot P(x_1, x_2) \cdot dx_1 dx_2} = \frac{\beta}{\sqrt{6}} = \frac{360°}{\sqrt{6} \cdot M}$$

表 3.3 给出不同模糊值 M 条件下 $RMSE_N$ 的特定结果。这些结果说明了特定模糊值 M 的无反演能力情况。例如,当存在 4 个模糊值时,将风矢量场区域逼近解与分析场比较可以得到:$RMSE \geqslant RMSE_N = 37°$,说明此时逼近的风矢量场完全由初猜场决定,几乎不包含来自 QuikSCAT 探测器的独立信息。表 3.3 同时显示,当散射计存在三束信号时(或者翻译为:对于三波束散射计),反演算法能够给出 6 个模糊值,此时利用初猜场的模糊剔除模块后,所得逼近风场的 $RMSE_N$ 可以降低至 25°,其精度在可接收范围内。然而此时的结果仍然不包含来自卫星探测的原始探测风向信息,而是完全由初猜场决定。

考虑到上述情况,可以引入一个补充特征参数 α 来描述独立卫星信息对 QuikSCAT 逼近解的贡献。这个参数会在空间分布上存在差异,也就是说它会随着位置变化而变化。计算这个参数的最佳方法是使用贝叶斯方法(Bishop,2006),为了简单起见,本节引入了以下线性近似:

$$\alpha = \left(1 - \frac{RMSE}{RMSE_N}\right) \cdot 100\%$$

表 3.4 给出了与 P2P 反演算法联系紧密的最大似然第一模糊值、选择出的逼近解、以及通过神经网络 P2P 算法计算得到的风速和风向及其偏差和均方根误差的统计结果。同时也通过参数给出了独立卫星信息的贡献。

表 3.4　不同 QuikSCAT 风场反演算法得到的风速和风向统计

算法/解	风速（m/s）		风向（度）		
	偏差	均方根误差	偏差	均方根误差	$\alpha(\%)$
逼近解	-0.5	1.6	2°	18°	~65
P2P 最大似然 第一模糊值	-0.5	1.7	2°	59°	100
P2P 神经网络	0.1	1.7	3°	51°	100

　　从表 3.4 也可以看出，P2P 神经网络算法能够提供高质量的风速估计值，其偏差接近为 0，而均方根误差为 1.7 m/s。对于风向来说，P2P 神经网络算法对 P2P 算法的最大似然第一模糊值结果有较为明显的改善。然而即使是采用基于场变量的神经网络算法，其风向反演的精度仍然难以满足实际应用的需求。

3.6.3　场反演方法

　　神经网络技术的灵活性可用于构建基于神经网络的场反演方法，这种方法的反演过程中引入了卫星测量层上的非局部的场信息，而无需使用额外的非卫星信息进行正则化。图 3.7 给出了两种场反演框架，这类方法是利用卫星测量本身在反演过程中引入了非局地场信息。

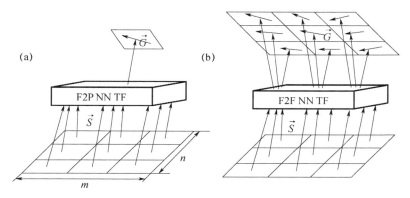

图 3.7　两个基于神经网络的场反演方法示意图。其中 F2P 表示的是场到点反演算法（a），F2F 表示场到场算法（b）。TF 表示传输函数。$m \times n$ 表示基本区域范围，比如作为神经网络输入或输出的探测元数量。图中以 $n = m = 3$ 为例。

　　场反演方法与逐点反演不同的地方在于，逐点反演的输入是来自一个风矢量单元的探测矢量 S，而场反演方法则使用了一组包含 n 个风矢量元的 QuikSCAT 区域探测矢量 S。场到点（field-to-point，F2P）反演方法（图 3.7）只得到一个风矢量，对应于截面中央的风矢量单元。然而在训练和反演的过程中，每一步训练或反演转换都涉及截面的移动（图 3.8），包括了一个单元横跨扫描带或者沿扫描带的移动。因此，连续风矢反演需要使用具有叠加特征的多个扫描区域信息，同时这些信息具有明显的相关性。

　　第二种场反演方法 F2F（图 3.7b）则在反演过程中引入了更多的非局地信息。在神经网络训练期间，不仅加入了邻近扫描带内的多单元卫星测量的场量信息，同时还包含了来自其他模型的风矢场信息。也就是说与标准的退模糊程序相比，F2F 只需要在算法训练过程中获取到邻近风矢场的信息，而训练结束后，不同于 P2P 和 F2P 算法只能得到一个风矢，F2F 反演算法能够得到的是整个 $n \times m$ 区域的风矢量场。因为假设算法是使用物理相干风场训练的，期望检索到的风矢量场是相干的且物理上是有意义的，而不需要进行额外的平滑。

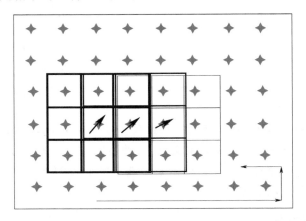

图 3.8 F2P 和 F2F 算法的训练和反演路径。其中彩色方框显示了基底的顺序位置，彩色箭头则表示在每个基地位置中心元的风矢量。黑色箭头表示基底中心沿扫描带和跨扫描带移动路径（见彩图）

开发针对 QuikSCAT 的 F2P 和 F2F 反演算法需要创建一种新的匹配数据集类型。例如，传统的卫星-浮标匹配数据集只适用于 P2P 模型。然而 F2P 和 F2F 反演框架都需要真实地面数据场，也即是一个连续的风矢量场。由资料同化系统产生的分析风矢量场能够被用来创建适用于 F2P 和 F2F 神经网络反演算法的训练集。由于训练集比较大，结构也比较复杂，建立 F2P 和 F2F 算法的训练集会比 P2P 算法更困难。

为了进行神经网络场反演算法的实验，本节为 QuikSCAT 构建了一个有限训练集，即用 NCEP 分析风场与 QuikSCAT 数据进行匹配。实验表明，F2P 神经网络算法能够显著改善 P2P 算法的配置，而 F2F 算法能够在此基础上进一步实现改进反演效果。图 3.9 给出了场反演神经网络算法的实验结果，可以看出基于 F2F 神经网络算法得到风向精度随着 n 的增大而有明显提高，其中 n 表示 $n \times n$ 范围的基本区域的大小，也就是作为算法输入和输出的区域探测元的数量。由图中虚线所示的平滑外推结果可以看出，当 $n=7$ 或 8 时，神经网络 F2F 算法的精度与使用背景场进行模糊剔除的算法精度相当。

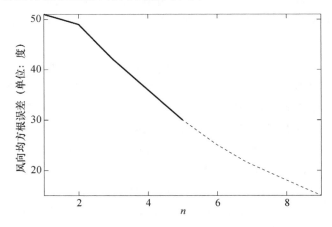

图 3.9 不同 n 值条件下 F2F 神经网络算法风向反演结果的均方根误差。其中 n 表示 $n \times n$ 范围的基本区域的大小，也就是作为算法输入和输出的区域探测元的数量

图 3.10 以一个包含 50 个隐藏神经元和 4×4 大小的基本区域大小的 F2F 神经网络模型为例,给出了其反演风向与分析值的箱式散点分布图。需要注意的是,当 F2F 神经网络模型具有 4×4 的基本区域时,其输入和输出个数达到 200。为了训练这样一个神经网络模型,需要解决维数达到 20000 的非线性优化问题。在第 4 章将证明神经网络技术有能力处理越来越庞大的网络结构,并且利用现代计算机技术可以训练这样甚至更大的神经网络。

对于 P2P 点反演框架,神经网络与回归方法类似,主要作为构建经验传输函数的工具之一。而对于场反演方法(F2P 和 F2F),神经网络开始作为经验传输函数优化的唯一工具,非常适用于开发 F2P 和 F2F 反演算法。

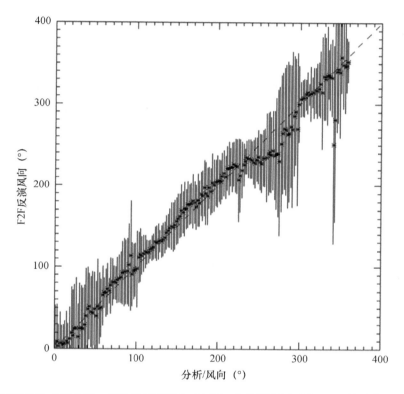

图 3.10　风向的箱式散点图。F2F 神经网络包含了 50 个隐藏神经元和 4×4 的基本区域范围。星号表示箱式统计值,条形长度与箱式图内的散点成比例

3.7　小结

本章主要讨论了处理遥感观测正、反问题的广义神经网络的应用问题。这些应用与基于卫星遥感数据估算地球物理参数的常规反演和变分反演密切相关。传统反演技术和变分技术都需要建立一种模型将卫星探测信息转换为地球物理参数,反之亦然。为此,传统的反演方法使用传输函数(即反问题的解决方案),而变分反演方法使用正向模型(即正问题的解决方案)。从数学的角度来看,传输函数和正向模型均可以看作是连续的非线性映射。而神经网络正是一种用于连续非线性映射的通用技术,它既可以用于传输函数建模,也可以用于正向模型建模。

　　本章中提出的理论方法是通过几个实际应用来说明的,并以这些应用实例显示了这类基于神经网络的智能反演方法的基本框架(如图3.5所示的方法和设计)。可以看出,整个反演系统,包括质量控制模块,是通过结合几个专门的神经网络的设计来实现的。这类智能反演系统不仅能获得准确的反演结果,还能对反演结果和环境条件进行分析和质量控制,并在此过程中剔除效果不佳的信息,在许多实际应用中表现出显著的优势。

　　本章还证明了将神经网络技术成功应用于经典P2P点反演算法的可能性。在这类应用中,神经网络反演效果能够达到甚至超过其他统计或物理过程模型,并且提供更为快速和准确的反演结果。此外,本章3.6节中神经网络同样可被用于模拟新的F2P和F2F场反演方法,而这种情况下只能通过神经网络才能实现。

　　本章在给出神经网络应用的同时,也说明了神经网络技术在基于遥感探测信息推断地球物理参数方面的优缺点。由于神经网络能够以最优的方式模拟输入和输出之间的复杂非线性函数关系,在计算精度上能够达到甚至超过其他统计方法。而由于在许多情况下,对地球系统中复杂的物理过程的认知仍然有限,而神经网络的经验方法可以隐含地(通过从数据中学习)包含比物理过程方法更多的信息,非常适合解决这些问题。因此,这类情况下,神经网络的计算结果甚至可以达到基于物理过程的模拟效果。此外,基于神经网络的场反演算法甚至能够显式考虑非局地的场量信息,而这对于其他方法是非常困难,甚至是不可能的。

　　本章最后需要说明的是,神经网络方法的成功很大程度上取决于所用的训练数据集的代表性(见第2.3.3节)。数据的质量、数量、可用性、准确性以及代表性对于神经网络应用的成功开发至关重要。

参考文献

Abdelgadir A, et al, 1998. Forward and inverse modeling of canopy directional reflectance using a neural network. Int J Remote Sens 19:453-471.

Aires F, Rossow W B, Scott N A, et al, 2002. Remote sensing from the infrared atmospheric sounding interferometer instrument: 2 Simultaneous retrieval of temperature, water vapor, and ozone atmospheric profiles. J Geophys Res. doi: 10. 1029/2001JD001591.

Alishouse J C, et al, 1990. Determination of oceanic total precipitable water from the SSM/I. IEEE Trans Geosci Remote GE-23:811-816.

Ammar A, Labroue S, Obligis E, et al, 2008. Sea surface salinity retrieval for the SMOS mission using neural networks. IEEE Trans Geosci Remote, 46:754-764.

Bishop C M, 2006. Pattern recognition and machine learning. New York: Springer.

Brajard J, Jamet C, Moulin C, et al, 2006. Use of a neuro-variational inversion for retrieving oceanic and atmospheric constituents from satellite ocean color sensor: application to absorbing aerosols. Neural Netw, 19: 178-185.

Cabrera-Mercader C R, Staelin D H, 1995. Passive microwave relative humidity retrievals using feedforward neural networks. IEEE Trans Geosci Remote, 33:1324-1328.

Cornford D, Nabney I T, Ramage G, 2001. Improved neural network scatterometer forward models. J Geophys Res, 106:22331-22338.

Daley R, 1991. Atmospheric data analysis. New York: Cambridge University Press.

Davis D T, et al, 1995. Solving inverse problems by Bayesian iterative inversion of a forward model with application to parameter mapping using SMMR remote sensing data. IEEE Trans Geosci Remote,33:1182-1193.

Derber J C,Wu W S,1998. The use of TOVS cloud-cleared radiances in the NCEP SSI analysis system. Mon Weather Rev 126:2287-2299.

Dunbar R S et al,2006. QuikSCAT science data product user manual,version 3. 0. Jet Propulsion Laboratory, Doc. D-18053-Rev. A. http://podaac. jpl. nasa. gov/allData/quikscat/L2B12/docs/QSUG v3. pdf.

Eyre J R,Lorenc A C,1989. Direct use of satellite sounding radiances in numerical weather prediction. Meteor Mag,118:13-16.

Goodberlet M A,Swift C T,1992. Improved retrievals from the DMSP wind speed algorithm under adverse weather conditions. IEEE Trans Geosci Remote,30:1076-1077.

Goodberlet M A,Swift C T,Wilkerson JC,1989. Remote sensing of ocean surface winds with the special sensor microwave imager. J Geophys Res,94:14547-14555.

Krasnopolsky V,1996. A neural network forward model for direct assimilation of SSM/I brightness temperatures into atmospheric models //Working group on numerical experimentation blue book. 1. 29-1. 30. Tech note,OMB contribution No 134,NCEP/NOAA Camp Springs,M D. http://polar. ncep. noaa. gov/mmab/papers/tn134/OMB134. pdf.

Krasnopolsky V,1997. A neural network based forward model for direct assimilation of SSM/I brightness temperatures. Tech note, OMB contribution No 140, NCEP/NOAA Camp Springs, M D. http://polar. ncep. noaa. gov/mmab/papers/tn140/OMB140. pdf.

Krasnopolsky V M,2007. Reducing uncertainties in neural network Jacobians and improving accuracy of neural network emulations with NN ensemble approaches. Neural Netw,20:454-461.

Krasnopolsky V M, Gemmill W H, 2001. Using QuikSCAT wind vectors in data assimilation system. Tech note,OMB Contribution No 209,NOAA/NCEP/EMC Camp Springs,MD. http://polar. ncep. noaa. gov/mmab/papers/tn209/omb209. pdf.

Krasnopolsky V M,Schiller H,2003. Some neural network applications in environmental sciences part I:Forward and inverse problems in satellite remote sensing. Neural Netw,16:321-334.

Krasnopolsky V,Breaker L C,Gemmill W H,1995. A neural network as a nonlinear transfer function model for retrieving surface wind speeds from the special sensor microwave imager. J Geophys Res,100:11033-11045.

Krasnopolsky V,Gemmill W H,Breaker,L C,1996. A new transfer function for SSM/I based on an expanded neural network architecture. Tech note, OMB contribution No 137, NCEP/NOAA Camp Springs, M D. http://polar. ncep. noaa. gov/mmab/papers/tn137/omb137. pdf.

Krasnopolsky V M,Gemmill W H,Breaker L C,1999. A multiparameter empirical ocean algorithm for SSM/I retrievals. Can J Remote Sens,25:486-503.

Krasnopolsky V M,Gemmill W H,Breaker L C,2000. A neural network multi-parameter algorithm SSM/I ocean retrievals:comparisons and validations. Remote Sens Environ,73:133-142.

Lorenc A C, 1986. Analysis methods for numerical weather prediction. Quart J Roy Meteor Soc, 122:1177-1194.

McNally A P,Derber J C,Wu W S,et al,2000. The use of TOVS level 1B radiances in the NCEP SSI analysis system. Quart J Roy Meteor Soc,126:689-724.

Meng L,et al,2007. Neural network retrieval of ocean surface parameters from SSM/I data. Mon Weather Rev, 135:586-597.

Mueller M D,et al,2003. Ozone profile retrieval from global ozone monitoring experiment data using a neural network approach(Neural Network Ozone Retrieval System(NNORSY)). J Geophys Res,108:4497. doi: 10. 1029/2002JD002784.

Parker R L,1994. Geophysical inverse theory. Princeton:Princeton University Press.

Parrish D F,Derber J C,1992. The National meteorological center's spectral statistical-interpolation analysis system. Mon Wea Rev,120:1747-1763.

Petty G W,1993. A comparison of SSM/I algorithms for the estimation of surface wind //Proceedings of the shared processing network DMSP SSM/I algorithm symposium. Monterrey,8-10 June.

Petty G W,Katsaros K B,1992. The response of the special sensor microwave/imager to the marine environment Part I:An analytic model for the atmospheric component of observed brightness temperature. J Atmos Ocean Tech,9:746-761.

Petty G W,Katsaros K B,1994. The response of the SSM/I to the marine environment part II:A parameterization of the effect of the sea surface slope distribution on emission and reflection. J Atmos Ocean Tech,11: 617-628.

Phalippou L,1996. Variational retrieval of humidity profile,wind speed and cloud liquidwater path with the SSM/I:potential for numerical weather prediction. Quart J Roy Meteor Soc,122:327-355.

Pierce L,Sarabandi K,Ulaby F T,1994. Application of an artificial neural network in canopy scattering inversion. Int J Remote Sens,15:3263-3270.

Prigent C,Phalippou L,English S,1997. Variational inversion of the SSM/I observations during the ASTEX campaign. J Appl Meteor,36:493-508.

Roberts B,Clayson C A,Robertson F R,et al,2010. Predicting near-surface atmospheric variables from SSM/I using neural networks with a first guess approach. J Geophys Res,doi:10. 1029/2009JD013099.

Schiller H,Doerffer R,1999. Neural network for emulation of an inverse model-operational derivation of case II water properties from MERIS data. Int J Remote Sens,20:1735-1746.

Smith J A,1993. LAI inversion using a back-propagation neural network trained with a multiple scattering model. IEEE Trans Geosci Remote GE-31:1102-1106.

Stoffelen A,Anderson D,1997. Scatterometer data interpretation:estimation and validation of the transfer function CMOD4. J Geophys Res,102:5767-5780.

Stogryn A P,Butler C T,Bartolac T J,1994. Ocean surface wind retrievals from special sensor microwave imager data with neural networks. J Geophys Res,90:981-984.

Thiria S,Mejia C,Badran F,et al,1993. A neural network approach for modeling nonlinear transfer functions: Application for wind retrieval from spaceborn scatterometer data. J Geophys Res,98:22827-22841.

Tsang L,et al,1992. Inversion of snow parameters from passive microwave remote sensing measurements by a neural network trained with a multiple scattering model. IEEE Trans Geosci Remote GE-30:1015-1024.

Vapnik V N,Kotz S,2006. Estimation of dependences based on empirical data(information science and statistics). New York:Springer.

Weng F,Grody N G,1994. Retrieval of cloud liquid water using the special sensor microwave imager(SSM/I). J Geophys Res,99:25535-25551.

Wentz F J,1997. A well-calibrated ocean algorithm for special sensor microwave/imager. J Geophys Res,102: 8703-8718.

Young G S,2009. Implementing a neural network emulation of a satellite retrieval algorithm //Haupt S E,Pasini A,Marzban C. Artificial intelligence methods in environmental sciences. New York:Springer.

第 4 章　神经网络在开发天气气候混合地球系统数值模式中的应用

- 我们自认为了解的关于世界的一切都是一个模型。
- 模型与世界有很强的一致性。
- 模型还远不能完全代表现实世界。

——Donella H. Meadows,《系统思维:入门》

摘要

　　本章主要介绍数值建模的背景,以及神经网络(NN)在数值天气预报(NWP)模型和气候模拟系统开发中的应用。在介绍不同尺度的天气和气候过程的数值模式的基础上,引入了将确定性物理模块与统计模块相结合的混合模型概念。与此同时,重点讨论了神经网络技术在大气海洋研究应用领域为混合数值模式构建统计模块的思路和方法。具体应用场景包括大气辐射参数化的神经网络模型、基于 NN 的大气模式新型对流参数化模型,以及海洋风-浪模式中的非线性波-波相互作用参数化模型。本章同时提供了大量的参考文献,为感兴趣的读者提供了详细的背景参考资料和技术细节,可以作为教科书和入门读物,帮助有兴趣的学生、初学者和高级研究人员了解如何将神经网络技术应用到不同物理过程的数值建模问题中。

　　对于天气预报和气候预测准确性要求的不断提高,导致了现代数值天气预报模型和气候模拟系统的高度复杂性。而模型复杂性的增长不仅超越了目前人类对与基本物理定理的认知,同时也超越了当前超级计算机的计算能力。科学认识的进步也需要进一步提高模型的物理分辨率,增加集合模式(或成员)个数,提升对云、气溶胶、生物地球化学循环以及其他物理过程的描述质量,并且将认识范围扩大到包括高层大气在内的地球系统的整体范围。因此,未来气候和天气模式的发展趋势将继续加大对计算和存储需求和依赖性。

　　气候系统是地球系统的一个子系统(Schellnhuber,1999)。根据现代科学定义,气候系统是由非生物世界、地球圈(或称物理气候系统)以及生命世界(或称生物圈)组成(图 1.1)。地球圈还可以进一步划分出不同子系统,包括大气、水圈(海洋、湖泊和河流)、冰层(内陆冰、海冰、永久冰层和积雪覆盖)、地层(土壤)和岩石圈(地壳和更灵活的上地壳)等(Peixioto and Oort,1992)。

　　气候系统中所有部分或子系统也属于复杂系统。例如,大气就是一个典型非线性系统,包含了各种空间和时间尺度差异极大的物理和化学过程,并与气候系统的其他子系统(海洋、陆地、冰等)具有明显的相互作用。海洋同样也是一个包含了不同尺度物理、化学和生物过程相互作用的复杂非线性系统,它同时也以许多不同的方式和多类型的反馈与大气、冰和陆地发生着相互作用。

在过去的几十年里,地球系统科学发展过程中表现出的最明显趋势之一就是:从简单线性或弱非线性的单学科系统研究(如简化的大气或海洋系统,包括对物理过程的有限描述)向复杂的非线性多学科系统研究(如考虑到大气物理、化学、陆地-表面相互作用等)转变。复杂跨学科系统最重要的属性是它由多个子系统组成,而这些子系统本身具有高复杂度特征。近年来,通过更深入地了解基本地球系统过程及其相关关系、数值模式的发展以及快速增长的计算能力,跨学科复杂地球系统/环境数值模式和由多耦合预测系统的科学研究和实际应用都有了显著进步。与此同时,全球地球系统的建模研究也在持续增加对计算资源的消耗。

神经网络技术一方面可用于加速数值天气预报模式和气候模拟系统的计算,用来应对和减少这种对计算资源高需求和高消耗;另一方面,当面对基本物理原理无法准确描述的问题或过程时,通过神经网络技术可以从观测或模拟数据中学习或构建新的物理认识。此外,神经网络技术还可被用于数据挖掘,实现从大量快速增长的观测和模拟数据中自动化提取有用的信息(包括关系、相关性等)。

本章分节介绍了数值建模的知识背景,并讨论了为数值天气预报模式和气候模拟系统开发多项神经网络的具体应用。在第 4.1 节中,主要介绍描述不同尺度天气和气候过程的数值模式,其中着重介绍了模式物理过程的参数化方法。4.2 节则引入了将确定性物理过程与统计模块相结合的混合模型概念,并在 4.3 节详细讨论了神经网络技术在构建大气科学研究领域混合数值模式统计模块中的应用。4.4 节则聚焦神经网络技术在海洋科学研究中的应用,主要介绍海洋风-浪模式中非线性波-波相互作用参数化的神经网络模型。最后,在 4.5 节中讨论了本章所介绍的神经网络应用的优点和缺点。

4.1 数值建模的研究背景

如第 1 章所述,科学家将对气候和天气系统及其子系统的"基本物理原理"的理解成一套偏微分方程组。利用谱分析或网格等数值方案对这些偏微分方程组进行近似,就构成了数值天气气候模式。随后,利用现代计算机对模式进行积分计算,就可以预报或者预测气候和天气系统的演变过程。地球系统物理过程的复杂性体现在,其现象的空间和时间尺度谱具有范围广的特征,即地球系统中的物理过程包含了时间尺度范围从几分钟(一些天气事件)到数亿年(古气候现象),空间尺度范围从数万千米(全球现象)到毫米(云中水滴的大小)。在这种情况下,描述某个时空尺度现象的数值模式无法包含地球系统的全部复杂性,甚至不能包含地球系统中单一但极其复杂的子系统(如气候系统)的全部复杂性。正因如此,目前已经开发出了大量不同类型的数值模型用来描述具有不同的分辨率,针对不同的空间域的物理过程(Claussen,2001)。如基本环流模式(GCM)中就包含了描述全球、气候和天气尺度的模型,以及描述单个大气和/或海洋涡流动力学的大尺度涡流模式。

每个数值模型都有两个基本特征:(1)空间分辨率 λ(实际上存在两个不同的分辨率,水平和垂直分辨率);(2)积分的时间步数 τ。根据定义,当物理过程的时空尺度(空间尺度 r,时间尺度 t)小于模式基本特征,即 $r \leqslant \lambda, t \leqslant \tau$ 时,数值模型是无法描述或解析该过程的规律特征的,这类过程也被称为次网格过程。在数学形式上,区域 D 内的数值模式可记为:

$$\frac{\partial \psi}{\partial t} + \Omega(\psi, x) = P(\psi, x) + F(t, x) \qquad x \in D$$

$$\psi_{t=0} = \psi_0; \psi_{x=B} = \psi_B \qquad\qquad (4.1)$$

其中,ψ 表征三维预后变量或依赖变量(大气模式中对应于温度、风场、水汽等基本变量);ψ_0 表示的是通常由资料同化系统(见 3.1.2 节)生成的初始条件;ψ_B 则表示 ψ 的边界条件;x 则表示独立变量矢量(大气模式中对应位纬度、经度、压强、高度、深度等空间坐标);Ω 表示模式的动力框架,也就是基于基本原理的三维运动学、热力学偏微分方程组,以及采用谱分解、网格分解或有限元数值方案逼近后的方程组;F 表示外部强迫项;P 则考虑模式无法分辨的次网格过程,也被称为模式物理过程项。通常情况下,模式物理过程项是通过多个参数化过程 $p_k(\psi, x)$ 的叠加实现的,即 $P(\psi, x) = \sum\limits_k p_k(\psi, x)$。此次网格过程虽然不能在模式中被显式地表达,但是可以通过适当的参数化将其作用和影响有效引入模式。基于"基本物理原理"方程的数值模型(式(4.1))也称为确定性模型。

4.1.1　气候和天气相关的数值模式和预测系统

全球模式

在过去几十年中,气候系统其内部单系统模拟方面取得了显著的进展(如 Grassl,2000),同时也激发了将所有单系统模式进行整合的努力。最早采用的是大气和海洋环流耦合模式(GCMs)或耦合基本环流模式(Coupled General Circulation Models;CGCMs)的形式,最后是气候系统模式的形式(如 Foley,等),其中甚至考虑了生物和地球化学过程(如 Foley et al.,1998;Cox et al.,2000)。全球大气和海洋环流综合模型更加细致地描述了大气海洋的流场特征,尤其是对单个天气系统和海洋中的区域洋流的描述能力得到明显提升。

现代耦合基本环流模式包含两种形式:(1)完全耦合模式,即包含大气-海洋-陆地-生物-化学的一体化耦合模式;(2)部分耦合模式,例如可离线计算大气要素,并作为大气-海洋-陆地模式的驱动流场信息。由于区域 D 中包括了整个地球,因此耦合模式是通过求解球体上与时间相关的三维地球物理流体动力学方程(4.1)来实现气候预测和天气预报的。

方程(4.1)的次网格项(P)中,包含大量参数化的物理和化学过程。例如,长波和短波大气辐射、湍流、对流和大规模降水过程、云、海陆过程相互作用以及污染物传输及其化学反应等。GCMs 和 CGCMs 采用参数化的方式来处理这些物理过程,从而有效地描述这些过程的影响(参见 4.2.2 节)。

虽然模式研发是科学探索过程中计算科学最集中的应用方向之一,但这些模式在处理许多重要的气候和天气过程时采用了极端简化。例如,参数化必须能够有效地反映次网格积云对流的影响,然而 GCM 能够显式解析大气要素的空间分辨率约为 100 km,时间分辨率约为 10 min,难以描述这些积云对流发生发展过程(Randall et al.,2003)。

另一个针对复杂全球模式的应用主要面向对海浪进行模拟和预报的海洋风-浪模式(Tolman,2002),其动力框架是基于谱能量或动能平衡方程的一种形式:

$$\frac{DF}{Dt} = S_{in} + S_{nl} + S_{ds} + S_{sw} \qquad\qquad (4.2)$$

其中,F 是 2 维波谱,S_{in} 为输入项,S_{nl} 为非线性波-波相互作用项,S_{ds} 为耗散项,S_{sw} 代表附加浅水项。本章 4.4 节将介绍非线性波-波相互作用项(S_{nl})的神经网络模拟。

GCMs 的主要局限性在于有限的分辨率和简化的物理模型。然而即使在这些限制条件下,利用 GCMs 和 CGCMs 进行长期气候模拟预报也会导致很高的计算成本。然而,为了进一步解析大气中对流过程、不同类型的云和降水等中尺度和精细尺度的天气和气候特征,以及海洋中不同类型的环流过程,则需要更高的时空分辨率。对于分辨率达到几十千米的CGCMs,即使使用具有强大计算能力的超级计算机,也只能进行有限的几十年的计算试验。因此,虽然目前GCMs能够较好地再现大尺度天气气候特征,但是仍然不能模拟云层、对流降水等这类重要的精细尺度过程(Rasch et al.,2000)。

区域模式

区域模式是在一个有限的范围内运行的数值模式,这个有限范围通常是指大陆或更小的范围。因此,区域模式可以在相同的计算成本下以比全球模式更精细的空间和时间分辨率运行。区域模式的动力框架也可以用式(4.1)表示,且通常使用与GCMs相同的物理参数化方案。区域模式可以用GCMs的初始和边界条件作为大尺度背景场来驱动,同时由于区域模式分辨率较高,对中尺度特征的分辨明显优于GCMs。然而,区域模式的预报效果可能受到输入边界条件的限制,特别是在区域模式没有嵌套在一个更大的模式中时。

云分辨模式

云系统分辨模式(Cloud-system-resolving models:CSRMs)或简单的云分辨模式(Cloud-Resolving Models:CRMs),最早出现在20世纪70年代和80年代(Krueger,1988)。这类模式通常针对的是几百千米左右的有限区域内的天气过程或天气系统,其空间和时间尺度比全球/区域模式更精细。这类模式主要解析的是全球/区域模式中由于分辨率限制无法考虑的现象,例如能够描述上升和下沉气流、对流组织过程、中尺度环流以及上述过程相互作用的高分辨率流体运动特征。CSRMs或CRMs具有足够高的空间和时间分辨率,能够描述单个积云的结构和演变,并且能够覆盖足够宽的时间和空间尺度,能够实现对所模拟的积云系统进行统计分析。

即使CSRMs或CRMs并不是基于"基本物理原理"对积云系统进行模拟,但是其计算成本仍然很高。云分辨模式的水平空间分辨率达到1 km以下,垂直空间分辨率能够达到100 m以下,已经能够对GCMs中参数化的云尺度和中尺度过程进行显式模拟,但是积云发展过程中的微物理、湍流、辐射等过程仍然需要进行参数化。

目前,全球云分辨模式(Global Cloud Resolving Models:GCRMs)已成为模式发展的重要方向(Miura et al.,2005;Satoh et al.,2005)。与典型的GCM相比,其计算成本极高,达到GCM的$10^5 \sim 10^6$倍,目前主要用于研究性的试验。

多尺度建模或超级参数化

超级参数化(Super Parameterization:SP),也被称为多尺度建模方法(Multiscale Modeling Framework:MMF),最初由Grabowski(2001)提出,随后由科罗拉多州立大学的一个研究小组(例如,Khairoutdinov and Randall,2001;Randall et al.,2003)开发。这一概念指的是将简化的二维CRM嵌入到全局模型的每一单元中(图4.1)。

例如,Randall等(2003)和Khairoutdinov等(2005)开发的MMF——公共大气模式(Community Atmosphere Model:CAM),主要包括一个全球气候模式,以及在其每个GCM(CAM)网格中嵌套的一个简化二维CRM。由于进行了简化,此时模式的计算成本比GCRM成本低了50%,但仍然比使用传统对流参数化的GCM成本高得多(Randall et al.,2003)。简化的CRM虽然能够大幅降低计算成本,但是在描述物理过程特征的准确性方面有所降低。这些问题在相关参考文献中有更深入的讨论,有兴趣的读者可以深入了解。

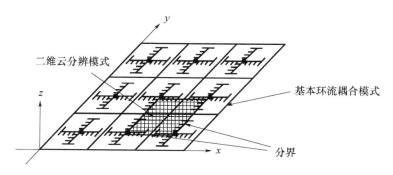

图 4.1　多尺度建模结构(MMF)示意图

4.1.2　全球和区域模式中的物理过程:物理过程参数化

当一个复杂系统中的子系统也具有高度复杂度时,只能采用简化的参数形式描述这些过程,这就是参数化的基本思想。上节提到的气候系统、天气系统和海浪系统中的物理、化学以及其他过程都具有高度复杂度。当需要在 GCMs 中描述上述系统的演变过程时,则需要将这些过程进行参数化处理,即在方程中用强迫项来表征,如动力学方程(4.1)右端的 P 项或式(4.2)右端的 S 项。因此,模式物理参数化的基本思路可以理解为:(1)基于所描述的物理过程、经验数据及其依赖关系构建参数化过程的简化方程;(2)综合考虑模式分辨率、计算能力后,对简化方程给出近似计算方案。可见,模式参数化大部分仍然是对确定方程的求解过程,其中包含部分基于传统统计技术的经验分析结果。因此,对于目前广泛使用的 GCMs 来说,主要的模式动力框架以及涉及各子系统的物理(或化学)过程模块都以确定性计算分析为主,即通过求解由确定性基本定理所给出的物理方程或化学方程,来描述地球系统的现象及其演变。

在参数化过程方面,即使将三维物理过程简化为一维参数化模型后,得到的参数化方案仍然非常复杂,并且需要花费大量的计算时间。模式参数化所需的总计算时间的百分比取决于模式本身。然而,从目前来看,参数化过程(如辐射传输参数化方案)是所有 GCMs 中最耗时的任务(Morcrette et al.,2007,2008;Manners et al.,2009)。无论是在气候模拟还是天气预报模式中,辐射传输的计算都需要在计算精度和计算效率之间做好平衡。比如对具有高精度的计算方案(如逐线法),可以非常精确地计算每个时间步长上每个网格点的辐射通量。然而,如果要在每个网格点和每个时间步骤上计算辐射传输,它通常需要比模式其他的部分(即模式动力框架和其他物理参数化过程)更多的 CPU 时间(Morcrette et al.,2008)。因此,对于参数化方案通常需要进行进一步简化,使得计算成本降低到可管理的级别(Lacis and Oinas,1991)。然而,即使在上述简化之后,也不能保证有足够的计算成本,使得某些高精度参数化方案(如辐射传输参数化)在每个时间步长上对每个网格点都进行计算。

4.1.3　案例分析:长波辐射的参数化方案

本节以美国国家大气研究中心(National Center for Atmospheric Research:NCAR)的长波辐射(long-wave radiation:LWR)参数化方案为例,来说明参数化方案的计算代价。LWR 辐射参数化方案是 NCAR 开发的 CAM 模式中辐射处理模块(CAMRT)的一部分,其基本框架是吸收率/发射率公式中的长波辐射传递方程(参见 Collins,2001 及相关文献),形式为:

$$F^{\downarrow}(p) = B(p_t) \cdot \varepsilon(p_t, p) + \int_{p_t}^{p} \alpha(p, p') \cdot \mathrm{d}B(p')$$

$$F^{\uparrow}(p) = B(p_s) - \int_{p}^{p_s} \alpha(p, p') \cdot \mathrm{d}B(p') \tag{4.3}$$

其中，$F^{\uparrow}(p)$ 和 $F^{\downarrow}(p)$ 分别表示向上和向下的热通量；$B(p) = \sigma \cdot T^4(p)$ 为斯蒂芬-玻尔兹曼关系；p_s 和 p_t 分别代表大气下边界和上边界的气压值；α 和 ε 分别代表大气的辐射吸收率和放射率。为求解方程(4.3)，吸收率和放射率可以通过下列积分微分方程得到：

$$\alpha(p, p') = \frac{\int_0^{\infty} \{ \mathrm{d}B_{\nu}(p')/\mathrm{d}T(p') \} \cdot [1 - \tau_{\nu}(p, p')] \cdot \mathrm{d}\nu}{\mathrm{d}B(p)/\mathrm{d}T(p)}$$

$$\varepsilon(p_t, p) = \frac{\int_0^{\infty} B_{\nu}(p_t) \cdot [1 - \tau_{\nu}(p_t, p)] \cdot \mathrm{d}\nu}{B(p_t)} \tag{4.4}$$

上式是对波数 ν 进行积分，其中 $B(p_t)$ 为普朗克函数。为求解方程(4.4)的吸收率和发射率，还需要进行大气透射率等相关物理量的进一步计算，而这些计算涉及对整个气体吸收光谱范围的积分。可见，针对这样一个"简化"的一维问题(方程(4.3)和(4.4))，其求解也非常耗时，即使是用降低计算频率的方法来计算辐射(即每几个积分步长计算一次)，也需要占整个模式积分总时间的 50% 左右。

4.1.4 目前用于减少计算代价的方法

在一个复杂的 GCM 中，以类似 CAM 中的方法，空间分辨率百千米左右情况下，计算大气辐射所消耗的计算时间约占模式总计算时间的 70%。类似的情况也出现在其他 GCMs 的计算中。为了减少这些计算的成本，通常采用降低时间和/或空间分辨率的方法，其中比较常用的是大幅度降低时间分辨率，如美国国家环境预报中心(National Centers for Environmental Prediction；NCEP)和英国气象局(United Kingdom Meteorological Office；UKMO)的气候和全球预报模型每 1 或 3 h 进行一次辐射计算(Manners et al.，2009)。辐射传输计算中主要的变化可能发生在辐射剖面中，一般和两个因素相关：云层的变化和太阳辐射入射角度的变化。欧洲中期天气预报中心(European Centre for Medium-Range Weather Forecasts；ECMWF)采用了一种降低水平分辨率的方法来加速辐射计算，即在分辨率较低的网格上进行辐射传输计算，然后将结果插值到较高的原始网格(Morcrette et al.，2007，2008)。而加拿大全球业务化环境多尺度模式中则采用降低垂直分辨率的方法，即在间隔的水平高度上计算全辐射，其余高度层采用插值的结果(Côté et al.，1998a，1998b)。

通过降低计算分辨率的方法会导致对辐射场在水平、垂直或者时间差异的解析度降低，可能会导致模式辐射计算不准确。而由于计算分辨率的改变，也会使得辐射计算与模式整体框架以及其他模块在空间或时间上的协调性上出现不一致的情况，从而降低气候模拟和天气预报的准确性。其他参数化方案的计算也面临同样的问题。如在上节讨论的风浪模式(式(4.2))中，计算源项 S_{nl} 所需的计算工作量大约是风浪模式其他所有模块计算的 $10^3 \sim 10^4$ 倍，目前主要通过降低分辨率等方式将 S_{nl} 的计算量限制在与模式的其余部分相当的量级上。然而，随着地球系统演变预测预报精度需求的不断提高，对于参数化方案的计算频率以及参数化模型的复杂度还会继续提高，这也必将导致计算模式物理参数化过程所花费的计算时间会进一步增加。

4.2　耦合模块和耦合模式

如上节所述,如何更为准确高效地描述所涉及的物理、化学和其他过程的复杂性,是现代高精度高分辨率环境模式发展的主要问题之一。本节将讨论神经网络模型作为一种有效工具,在加速模式物理参数化方案计算以及开发新的物理参数化方案中的应用。这类应用也可拓展用于其他模式或其他过程的开发,如化学过程、水文模式等。

从前几节介绍的情况可以看出,需要寻找更快、更准确的方法来计算地球环境模式中的物理、化学、水文和其他过程。在过去的十年中,一种新的基于神经网络近似或模拟的统计方法被用于精确、快速地计算大气辐射过程(Krasnopolsky,1996,1997;Chevallier et al.,1998)以及海洋和大气数值模式中物理参数化过程(Krasnopolsky et al.,2002,2005a,2008b,2010)。在这些工作中,与计算原始参数化方案所需的时间相比,基于神经网络近似的模式物理过程计算速度提高了 $10\sim10^5$ 倍。

复杂气候模式和天气预报模式中,将基本物理定律与神经网络进行耦合的物理参数化过程有两种基本方法:一是混合参数化(Chevallier et al.,1998,2000);二是混合模式或混合 GCM(hybrid GCM:HGCM)(Krasnopolsky et al.,2002,2005a;Krasnopolsky and Fox-Rabinovitz 2006a,2006b)。这两类方法的区别是在两个不同的系统层级中引入参数化过程,前者是在子系统级别的单参数化过程,后者则是对整个系统级别的参数化模式。针对这两类方法,Chevallier(2005)和 Krasnopolsky 等(2005b)进行过专门讨论,下文也会重点进行介绍讨论。此外,Tang 和 Hsieh(2003)和 Li 等(2005)还提出了另外一种混合耦合模式(hybrid coupled model:HCM),其中简化的大气过程由神经网络模型描述,海洋过程则由动力学模式来描述。

4.2.1　混合物理参数化过程

Chevallier 等(1998,2000)认为,LWR 参数化是 ECMWF 全球大气模式复杂 GCM 的重要组成部分。从系统层级的角度来看,这种单一参数化可以作为一种子系统支撑系统本身、通量计算和云计算等模块。在这种情况下,可以引入神经网络与基本物理定律混合的参数化模型。可采用类似映射(式(2.1))的形式来表示泛化的 LWR 参数化过程,即:

$$Y = M(X) \tag{4.5}$$

在这个特殊的例子中,输入矢量 $X = \{S,T,V,C\}$,其中 S 代表地面变量,T 表示大气温度的矢量(廓线),C 表示云特征廓线,V 则包含了其他能获取的所有变量,包括湿度廓线、不同类型气体的混合率廓线等。LWR 参数化输出矢量 Y 包括两个矢量 Q 和 f,即 $Y = \{Q,f\}$,其中 $Q = \{C_r^1,C_r^2,\cdots,C_r^L\}$,表示冷却率廓线,而 C_r^j 表示第 j 个垂直模式层上的冷却(加热)率($j=1,\cdots,L$)。f 表示 LWR 参数化计算的辅助通量矢量。由于输入云变量 C 的存在,映射式(4.5)可能有一些有限的不连续性,也就是说,它几乎是连续的。

Chevallier 等(1998,2000)为 ECMWF 开发的 LWR 参数化方法是基于 Washington 和 Williamson(1977)的方法,考虑了云变量 C 的分离。在此参数化中,水平通量计算式为:

$$F(S,T,V,C) = \sum^{i} \alpha_i(C)\,F_i(S,T,V) \tag{4.6}$$

其中,i 表示垂直分层的索引。每个局部或单个通量 $F_i(S,T,V)$ 都是一个连续映射,而与云量相关的所有不连续性都包含在 $\alpha_i(\boldsymbol{C})$ 中。在这种混合参数化过程(或被称为"神经通量")中,Chevallier 等(1998,2000)将云函数 $\alpha_i(\boldsymbol{C})$ 计算与基本物理方程及神经网络近似结合起来,用以计算部分或单个通量 $F_i(\boldsymbol{S},\boldsymbol{T},\boldsymbol{V})$ 的神经网络近似值。因此,每个垂直高度层的通量 F(式(4.6))均可视为通量 F_i 和云物理系数 $\alpha_i(\boldsymbol{C})$ 的线性神经网络近似组合。因此,由 Chevallier 等(1998,2000)开发的"神经通量"混合 LWR 参数化是一组由 40 个神经网络组成的计算阵列。为了计算"神经通量"的输出,即计算冷却速率 C_r,每个垂直分层上 F_i(式(4.6))的单个近似神经网络的线性组合可表示为:

$$C_r(P) = \frac{\partial F(P)}{\partial P} \qquad (4.7)$$

其中,P 表示大气压强。

在垂直层小于 50~60 的中等垂直分辨率下,相比 Washington 和 Williamson(1977)的 LWR 参数化方案,"神经通量"能够具有较高精度,其偏差约为 0.05 K/d,RMSE 约为 0.1 K/d,而其计算速度提高了 8 倍。然而,由于"神经通量"的次优数值设计(参见 Krasnopolsky et al.,2005b 的详细讨论),在 60 层或更多的垂直分层下,其精度和速度不能同时实现(Morcrette et al.,2008)。因此,"神经通量"计算目前仅用于资料同化系统的 4D-Var 线性物理过程计算中,且对其精度要求不太严格。

混合参数化方法的局限性,主要来源于混合参数化方法的基本特征,即它是针对特定参数化内部结构分析来设计的,也就是说混合参数化方法最终反映并遵循其特定的内部结构。考虑到所有参数化都具有不同的内部结构,针对一种参数化过程开发的混合参数化方法和设计,如果不进行大量修改,通常无法用于另一个参数化过程。例如本节中提到的"神经通量"混合参数化方法(Chevallier et al.,1998,2000)就是完全基于云变量分离设计的。而其他 LWR 参数化方法,比如 NCAR 的 CAM 辐射参数化(Collins,2001;Collins et al.,2002),或者是 Chou 等(2001)开发的参数化方法并没有考虑此类变量分离。因此,对于这些辐射参数化以及水汽模式的物理参数化模块,Chevallier 等(1998,2000)开发的混合参数化方法不能直接应用,必须针对每个特定的新参数化进行针对性修改或重新设计。

4.2.2　混合数值模式

Krasnopolsky 等(2002,2005a)以及 Krasnopolsky 和 FoxRabinovitz(2006a,2006b)提出了复杂混合数值模式这一新概念。混合建模方法的基本思想是将整个 GCM 视为一个系统,而物理、化学等的动力过程和参数化过程则可视为该系统的子系统或组成模块,因此可以在系统内部的子系统(或模块)层级引入混合。例如,将整个 LWR、整个短波辐射(Short-Wave Radiation:SWR)或整个对流对参数化视为单个(或基本)对象,由单个神经网络来进行模拟。这类过程神经网络模型构建的基本前提是,模式中任何物理参数化过程都可以视为连续或几乎连续映射(参见式(2.1)或(4.5))。

模式物理过程参数化的快速神经网络模型

Krasnopolsky 和 Fox-Rabinovitz(2006a,2006b)提出了可用于开发和测试 HGCM 统计模块的发展框架和测试标准。这一框架和标准可用于模式物理过程参数化的神经网络模拟构建中,其主要包括三个主要步骤:

1. 通过对模式目标模块(原始参数化过程或目标映射)及其主要问题进行近似处理和分析,来确定神经网络模型的最佳结构和配置,主要包括估计输入和输出物理量的数量,并估算原始参数化过程初猜函数的复杂度,以及通过复杂度估算确定式(2.2)和(2.3)隐藏层中隐藏神经元的初始数量。

2. 生成用于训练、验证和测试的代表性数据集。这些数据集来自原始 GCM(即具有原始参数化过程的 GCM)的模式输出信息,主要用于为神经网络训练提供模拟数据。创建具有代表性的数据集时,原始 GCM 必须运行足够长的时间,从而能够包含所有可能的大气状态、现象等。同时,由于使用的是模拟数据,得到的高质量神经网络模型数据集具备了足够的代表性,即不存在数据冗余的问题(参见第 2.5 节)。此外,模拟数据可以避免经验数据中存在的高观测噪声、稀疏的空间和时间覆盖以及极端事件的不良表示等问题,将其作为神经网络模型的训练数据有利于实现高精度的模拟。

3. 神经网络训练。不同版本的神经网络具有不同的架构,即包含不同数量的隐藏神经元,因此,初始化和算法都应该进行训练和验证。同时,对于神经网络架构来说,隐藏神经元的数量 k 应为保证神经网络模拟所需精度的最小量值(参见方程(4.8)、(4.9)、(4.10)、(4.11)和(4.12))。

对训练好的神经网络模型进行测试,并使用包含此神经网络模型的 HGCM 则主要包括以下两个步骤:

1. 利用独立的测试数据集对基于原始参数化过程的神经网络近似准确性进行测试。在混合方法的背景下,神经网络模型甚至最终 HGCM 的精度和计算性能的改进程度,是通过对比原始参数化过程及其原始 GCM 的控制试验来衡量。原始参数化及其神经网络模型都是复杂的多维映射,因此,为了确保能够对模拟精度进行完整评估,需要计算不同类型的统计指标,包括总体分析、各层级分析以及廓线分析等(参见方程(4.8)、(4.9)、(4.10)、(4.11)、(4.12))。

2. 对 HGCM 和 GCM 的并行运行过程进行全面的比较和分析。一方面对于并行过程的模拟结果,需要对所有相关的预报量、诊断量和模式输出结果的统计特征进行分析和比较,以确保原始 GCM 的完整性,同时模式参数化过程所有的细节和特征在 HGCM 神经网络模拟时得到体现(见 4.3 和 4.4 节),因此需要建立科学的模型测试步骤。另一方面,由于 GCMs 本质上是一个非线性的复杂系统,而在这样的系统中,小的系统性或者随机性的近似误差会随着时间累积,并对模式结果的质量产生影响。因此,新型混合方法的开发和应用框架的测试标准是能够通过神经网络模拟改进 HGCM 模式结果的精度。

如上所述,原始参数化过程及其神经网络模拟都是复杂的多维映射。由于两者的高复杂性,需要计算许多不同类型的统计参量,从而对这两个对象进行比较,并评估神经网络模拟的精度。下面给出原始参数化过程与其神经网络模拟平均偏差 B(近似偏差或系统性误差)及其均方根误差 RMSE 表达式,形式为:

$$B = \frac{1}{N \times L} \sum_{i=1}^{N} \sum_{j=1}^{L} [Y(i,j) - Y_{NN}(i,j)]$$

$$\text{RMSE} = \sqrt{\frac{\sum_{i=1}^{N} \sum_{j=1}^{L} [Y(i,j) - Y_{NN}(i,j)]^2}{N \times L}} \tag{4.8}$$

其中,$Y(i,j)$ 和 $Y_{NN}(i,j)$ 分别表示原始参数化过程和其神经网络模拟的输出结果。指数 i 表示垂直廓线上的水平格点位置,即 $i =$(经度,纬度),且 $i = 1, \cdots, N$;N 表示模式的水平格点数。j 表示垂直指数,即 $j = 1, \cdots, L$;L 表示模式的垂直层数。

方程(4.8)可用于分析基于时间、纬度、经度和高度的四维数据集,并给出了神经网络模拟的

误差特征。针对上式进行简单修改后,可以给出第 m 层垂直高度上模式的偏差和 RMSE,即为:

$$B_m = \frac{1}{N} \sum_{i=1}^{N} \left[Y(i,m) - Y_{NN}(i,m) \right]$$

$$\mathrm{RMSE}_m = \sqrt{\frac{\sum_{i=1}^{N} \left[Y(i,m) - Y_{NN}(i,m) \right]^2}{N}} \tag{4.9}$$

同样,对于每一条垂直廓线(即第 i 个水平格点)的均方根误差计算公式,可表示为:

$$\mathrm{PRMSE}(i) = \sqrt{\frac{\sum_{j=1}^{L} \left[Y(i,j) - Y_{NN}(i,j) \right]^2}{L}} \tag{4.10}$$

上式可理解廓线水平位置的函数,可用来计算平均廓线均方根误差(PRMSE)及其标准差(σ_{PRMSE}),这两个参数能够反映整个数据集特征且与位置无关,计算公式为:

$$\mathrm{PRMSE} = \frac{1}{N} \sum_{i=1}^{N} \mathrm{PRMSE}(i)$$

$$\sigma_{\mathrm{PRMSE}} = \sqrt{\frac{1}{N} \sum_{i=1}^{N} \left[\mathrm{PRMSE}(i) - \mathrm{PRMSE} \right]^2} \tag{4.11}$$

方程(4.11)和(4.8)都描述了在整个四维数据集上积分的神经网络模拟精度。当积分的顺序不同时,揭示出的关于神经网络模拟精度的信息是不同的,而这些信息之间又具有互补关系。因此,可以计算针对廓线上每一垂直层上的均方根误差,即:

$$\mathrm{PRMSE}(j) = \sqrt{\frac{\sum_{i=1}^{N} \left[Y(i,j) - Y_{NN}(i,j) \right]^2}{N}} \tag{4.12}$$

实际上,与当前的原始参数化过程相比,神经网络模拟最直接的优势在于显著提高了计算性能。这种计算性能的提升有利于加速模型运行、增加模式物理参数化过程计算频率、并在优化计算成本的背景下引入更复杂的和现实的物理参数化过程以改善物理模型。

复合可调参数化方案以及神经网络模拟的质量控制

模式物理过程神经网络模拟的准确性很大程度上取决于是否能够构建具有代表性的训练集,以及能否避免使用神经网络进行超出训练集值域的外推计算。由于输入域的高维特征,即神经网络输入向量 $\boldsymbol{X}$ 的维数可超过几百,因此即使使用模式的模拟数据进行神经网络训练,很难甚至不可能覆盖整个值域。此外,在模拟期间,值域可能会随着系统的演变而变化。此时神经网络模拟会被迫超出其数据集的代表性,可能导致神经网络输出结果与使用 NN 模拟的对应数值模式的模拟结果之间出现较大的误差。

例如,针对模式辐射过程的神经网络模拟技术已经非常精确,然而当神经网络模拟结果属于训练集中未充分表示的输入量时,会造成神经网络模拟的输出出现较大的误差和异常值。当然,出现这些误差的概率非常低(图 4.15),并且在空间和时间上呈现随机分布特征。然而,当进行长达几十年的气候模拟时,尤其是神经网络模型在一个复杂非线性气候模型中经过长时间的积分,出现更大误差及其对模型模拟的不良影响的概率会显著增加。从 GCMs 的试验中可以看出(4.3.5 节中图 4.16),当模式足够稳定时,是可以避免误差累积从而克服这类随机分布的大振幅误差。然而,对于那些少数情况,仍然有必要开发一个内部质量控制程序,从而避免出现污染模式结果的大振幅误差(Krasnopolsky et al.,2008a)。

海浪模式是另一个神经网络逼近非线性相互作用的典型应用,然而该模式即使对几个小时的积分都不具备足够的稳定性来避免大振幅误差的出现(4.4.2 节中图 4.23)。因此,在这种情况下,引入内部质量控制方法来识别和控制较大的神经网络模拟误差,对于神经网络模型物理应用的成功尤为重要(Tolman and Krasnopolsky,2004)。

因此,在许多应用场景中都有必要引入质量控制程序,它可以在高度非线性的数值模式积分过程中预测并消除神经网络模拟产生的较大误差,而不仅仅依赖于模式的稳定性。在 4.3.5 节和 4.4.2 节中,引入了复合参数化的概念,这一概念包含了神经网络模型、原始参数化过程和质量控制过程。复合参数化框架能够使得神经网络仿真方法更加可靠、稳定和通用,同时也为神经网络模型的发展提供了一个能够适应模式环境和气候系统变化的工具。

基于神经网络的新型参数化方案

神经网络技术既可以用来模拟物理过程,也可以用来改进模式的物理过程。研究表明,由于 GCMs 使用的是简化的物理参数方案,无法精确再现云、对流、降水等重要的精细尺度过程(Rasch et al.,2000)。CRMs 可以描述许多低分辨率全球和区域模式无法解析的现象,如伴随对流发展的高分辨率流体动力运动过程、对流组织过程、中尺度环流发生、发展以及层状云和对流的相互作用等。神经网络技术可以在 CRMs 和 GCM 之间起到连接或结构的作用。例如,开发一个神经网络对流参数化模型,它可以作为 GCMs 中的一个参数化模块,并且通过其他方法(如 MMF)将次网格尺度过程的影响在模式中反映出来。其基本思想是利用神经网络模拟 CRM 的表现,并且使其能够在不同框架以及初始条件下在更大尺度(接近 GCM)上稳定运行。

由此开发得到的模型可以作为 GCM 中一种在计算上可行的新型参数化方法。与超级参数化或 MMF 相比,它可以产生类似或更好的参数化效果,同时可以用较小的计算成本有效地考虑次网格尺度(就 GCM 而言)的影响(Krasnopolsky et al.,2011)。

图 4.2 给出了这种神经网络参数化的基本过程。CRM 使用的初始化和强迫场数据包括:热带海洋全球大气耦合海洋-大气响应试验(Tropical Ocean Global Atmosphere Coupled Ocean-atmosphere Response Experiment:TOGA-COARE)数据、大气辐射测量数据或其他观测数据;模式水平分辨率约为 1 km,垂直层数为 64 或 96 层,时间步长为 5 s。

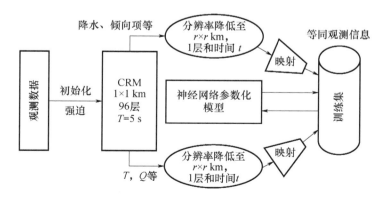

图 4.2　神经网络对流参数化过程的基本过程

CRM 通常是在 256 km×256 km 的范围内积分,而神经网络参数化也是在这个范围内执行的多步骤过程,其主要步骤包括(Krasnopolsky et al.,2013):

1. 模拟 CRM 数据。通过给定初始化和强迫边界条件,让模式运行一定时间,给出高分辨率的模式输出结果。

2. 降低模拟资料的分辨率。将高分辨率 CRM 模拟数据在空间和时间上进行平均,使得模拟资料的分辨率降低至 $\rho<r\leqslant R$,其中 ρ 和 R 分别表示 CRM 和 GCM 的分辨率;同时垂直分层插值或平均至 $l=L$,其中 L 为 GCM 的垂直层数。

3. 将 CRM 的大气状态矢量投影到 GCM 的大气状态矢量上。从前一步构建的低分辨率 CRM 模拟资料中选择变量的子集并以此构成神经网络开发集。需要注意的是,在这个开发集中,只包括与 GCM 变量相对应的或者可以基于 GCM 可预报或可诊断的变量。图 4.2 中将这类子集命名为"等同观测信息"。只有这些变量能够作为神经网络参数化模拟的输入和输出。实际上,对于神经网络对流参数化模拟来说,选择适宜的输入和输出是非常重要的。比如说一个简单的对流参数化模拟,可以将输入设定为"温度""水汽"以及温度和水汽辐合,并将产生 $Q1C$ 和 $Q2$,视热和湿度变化设定为"输出"。然而,输出量 $Q1C$ 和 $Q2$ 显然也同时依赖于其他变量(如每个 CRM 中的冷凝水等),而这些变量由于无法在 GCM 中获取,因此不能作为神经网络模型输入和/或输出。从 GCM"模式信息"的角度来看,这些变量是反映次网格尺度差异性的"隐藏"变量。认识到这一挑战后,就需要引入"不确定性"和"随机性"的概念。也就是说,等同观测信息的开发集能够隐式地表示具有不确定性的随机对流参数化(即随机映射)过程,这也正是此类参数化的固有特征。

4. 差异调整。用于开发神经网络参数化模型的等同观测值并不是真正的观测值,而是表示平均 CRM 模拟数据的虚拟真值。CAM 有其自身的模拟真值,这个模拟真值可能与 CRM 模拟平均数据并不完全一致,也与从平均 CRM 模拟数据派生并用于神经网络参数化模型训练的等同观测值不一致。因此,需要进行特别处理,使 CAM 的模拟真值和平均 CRM 模拟数据保持一致。也就是说,针对所有选择成为神经网络参数化模拟的输入和输出变量,都需要计算每个变量在 CRM 与 GCM 中的均值偏差并进行补偿(Krasnopolsky et al.,2011)。这些偏差是由于 CAM 和 CRM 两个模型具有不同的时间和空间尺度和分辨率,以及不同的动力学和物理特性的结果,也与不同的边界条件、初始条件以及不同强迫密切相关。

5. 构建数据集。等同观测的开发集可分为相互独立的训练和测试/验证集。训练集是用于训练神经网络参数化模型。然而由于等同观测信息所固有的不确定性,从这些数据派生的神经网络参数化是一种随机参数化,并且可扩展为神经网络集合(参见 4.3.6 节)。神经网络参数化模型的验证过程包括两个步骤:首先,将训练好的神经网络组合随机参数化应用于测试集并计算误差统计;其次,测试的神经网络参数化模型被引入到 GCM 或单列 GCM 中,以验证其在模式模拟中的表现。最后一步是验证过程最重要的步骤。

超级参数化的神经网络模拟

在 4.1.1 节中介绍了超级参数化的概念及其具体实现,可以看出超级参数化在概念上与模式的常规物理过程参数化相似。而在每个时间步长上,超级参数化(嵌入式 CRM)都会接收输入参数矢量 X,这个输入矢量是根据 GCM 变量来描述此成员中的大气状态。在 GCM 成员中积分 CRM 后,将返回 GCM 输出参数矢量 Y,该矢量也是以 GCM 变量来描述此成员的物理强迫过程。因此,从数学角度来看,整个超级参数化过程就可以视为映射过程。而考虑到 CRM 的物理和数学属性,此映射是连续的或准连续的(可能包含有限的不连续阶梯函数),以此可由具有给定精度的神经网络来进行模拟。

但是,如上一节考虑基于 CRM 模拟数据开发新的神经网络参数化一样,在模拟超级参数化时,由于初始条件中可能存在的未包含在内的差异性,极有可能出现随机误差(ξ),而 CAM 时间步长之间的嵌入式 CRM 也会受到这些误差的影响。由于初始条件隐藏在 CAM 环境中,SP 可被视为随机映射(式(2.1a)),即 $Y = F(X, \xi)$。因此,模拟数据中会出现不确定性,而这种不确定性在单神经网络模型中是无法解释的。由此可见,与单神经网络模型相比,多神经网络集合更适合模拟超级参数化。

神经网络超级参数化的最直接优势在于能够基于 MMF 框架显著提高计算性能。利用这一优势构建的快速模型可以在很多方面得到应用,包括:(1)在 MMF 框架的提高二维甚至三维 CRM 的分辨率。虽然计算量非常大,但只需构建合适训练集就可实现。(2)提高 MMF(包括外部网格和 CRM)的垂直分辨率,这将对模式性能改进产生显著的积极影响。(3)验证 MMF 作为全球气候模型的性能。这包括一系列潜在的试验,例如添加海洋模型或在增加温室气体浓度条件下运行该模式。

4.3　大气神经网络模型应用

为了验证第 4 章前几节中介绍的基本方法,在本节给出了几个与复杂的天气和气候相关的神经网络模型的应用。这些应用程序使用了四种不同的 GCM:

- NCAR 的 CAM 谱模式。该模式的谱截断波数为 42(水平分辨率为 3°～3.5°),垂直方向 26 层(T42L26)。下文介绍的结果是使用的早期版本 CAM、CAM-2 和 CAM-3 获得的。模式大气部分是使用气候 SST 驱动的。
- 美国航空航天局(National Aeronautics and Space Administration:NASA)的季节到年际尺度可预测性计划(Natural Seasonal-to-Interannual Predictability Program:NSIPP)模式。该模式为格点模式,水平分辨率为 2°×2.5°,垂直方向 40 层。
- NCEP 的气候预报系统(Climate Forecast System:CFS)。该模式是目前用于气候预测最先进的 GCMs。本书中使用的 CFS 大气模式为 T126L64,即谱截断波数为 126(水平分辨率接近 1°),垂直分层达到 64 层。在 CFS 中包括了大气模式与 40 层交互式 MOM4 海洋模式的耦合,改进了对雪和冻土处理的 4 层土壤交互式 Noah 陆地模式,可描述部分冰盖和次网格山体深度的交互式海冰模式,新的季节性气候气溶胶处理模块,基于世界气象组织(World Meteorological Organization:WMO)全球观测数据的历史 CO_2 数据库,可变太阳常数数据库,以及历史平流层火山气溶胶分布数据。
- NCEP 的全球预报系统(Global Forecast System:GFS)。该系统与 CFS 的大气模式相类似,而 GFS 的谱分辨率更高,达到 T574L64,即其截断波数达到 574(水平分辨率约 0.2°),垂直分层为 64,主要用于进行数值天气预报。

通过为现有模式物理参数化过程开发神经网络模型或构建基于神经网络的新参数化方法,实现混合方法在物理方程中的应用后,这些模式将称为 HGCM。

4.3.1　模式物理过程的神经网络模型

本节主要讨论大气模式物理过程的神经网络模型开发,以模式辐射(包括 LWR 和 SWR)参数化过程为例。类似的方法也适用于大气中的其他物理过程。

LWR 和 SWR 共同构成了大气辐射总量,而 LWR 和 SWR 参数化过程在大气 GCMs 中的作用是计算 LWR 和 SWR 过程中产生的热通量和加热率。如前所述,整个 LWR 或 SWR

参数化可以表示为几乎连续的映射(方程(4.5))。接下来将介绍神经网络方法在四个不同模式(CAM、NSIPP、CFS 和 GFS)中对三个 LWR 和两个 SWR 参数化过程的应用。

本章 4.1.3 节中描述了 CAM 中使用的 CAMRT 长波辐射参数化方案的核心框架。有兴趣了解关于 CAMRT 长波辐射和短波辐射参数化方案的详细内容可参考 Collins(2001)和 Collins 等(2002)。CAM 中 CAMRT 长波辐射参数化方案的输入矢量包括 10 类廓线(气温、湿度、臭氧浓度、CO_2、N_2O、CH_4、2 个 CFC 混合比、卤化碳的年平均大气摩尔分数、气压和云量)以及表面向上的 LWR 通量,共计 220 个输入量。输出量共计 33 个,包括加热速率(26 个输出)和 7 个热通量。CAM 中 CAMRT 短波辐射参数化方案的输入矢量包括 21 条垂直廓线(相对湿度、臭氧浓度、气压、云量、气溶胶质量混合比等)和 7 个地面变量。两类方案在 CMA-2 和 CAM-3 中的输入量总计分别为 173 和 451 个;输出量均为 33 个。CAM-2 和 CAM-3 中 SWR 版本的主要区别在于 CAM-3 使用了有关气溶胶的信息,因此与 CAM-2 相比,这种扩展的气溶胶信息导致 CAM-3 SWR 参数化输入数量显著增加。

NASA 的 NSIPP 模式中使用的短波辐射参数化方案是由 Chou 等(2001)开发的,其输入矢量包括表面温度和 5 条垂直廓线(云量、气压、温度、相对湿度以及臭氧浓度),总计 202 个输入量和 41 个输出量。

NCEP 的 CFS 和 GFS 都包含有 GCM(2.3 版)快速辐射传输模式(Rapid Radiative Transfer Model:RRTM)的短波辐射方案,简称 RRTMG-LW(Mlawer et al.,1997;Iacono et al.,2000)。对于 CFS 和 GFS 的 RRTMG-LW,输入参数包括 9 类廓线:气压、温度、相对湿度、臭氧浓度、总云量、云水通道(cloud liquid water path)、液态云滴的有效半径、冰水通道、冰晶的有效半径,共计 598 个输入量;输出量为 69 个,其中由于 CO_2 分布状态与时间相关,其全球平均量被设定为时间的函数。目前 CFS 和 GFS 使用的 SWR 参数化方案是基于 RRTMG-LW(2.3 版)改进得到的(Clough et al.,2005)。RRTMG-SW 采用快速双流辐射传输方案,细致描述了云、气溶胶以及吸收气体(H_2O、O_3、CO_2、CH_4、N_2O、O_2)的吸收和散射过程。因此,在 SWR 参数化的当前版本中,大气 CO_2 浓度水平及其时间依赖性是由整个三维 CO_2 场来显示的,也就是说整个三维 CO_2 场是随时间而变化的,同时能够反映积分时间范围(1990—2006年)内平均 CO_2 水平从 350 ppmv* 增加到 380 ppmv 的观测事实。该 SWR 的神经网络模型总计有 562 个输入量和 73 个输出量。

神经网络模型的输入数小于原始参数化的输入数(输入廓线数乘以垂直层数加上相关单层变量数)。这是由于许多输入变量(如绝大部分气体)在垂直高层上具有 0 或常值分布特征,甚至某些气体的整体累积混合比廓线就是从气候数据中获得的一个常数。2.3.6 节中分析过,常值输入(包括 0 或非 0 值)对于函数的输入/输出关系不起作用,且引入后也会造成额外的噪声源(近似误差),不能用于开发神经网络模型。因此,为了提高准确性,这些常值输入并未用于参数化神经网络模型的训练。

此外,对于 SWR 来说,能够描述光学厚度、单次散射反照率以及 14 种气溶胶的不对称参数的 2688 个输入量能够用 5 个特征来表示,即 $\cos(\tau)$、$\sin(\tau)$、$\cos(lon)$、$\sin(lon)$ 和 lat。lon 和 lat 分别代表经度和纬度,$\tau=2\pi/(T\mu)$,其中 μ 代表月份,且 $T=12$。由于在 NCEP 的 CFS 和 GFS 中,气溶胶的计算使用了特定的湿度剖面和基于全球气候月平均数据的三维查找表,因此这种表征是可行的。在函数输入/输出依赖性方面,气溶胶输入与 SWR 参数化过程具有

---

* 1ppmv$=10^{-6}$。

高度的相关性,即气溶胶特征可表示为 lon、lat、τ 和相对湿度(q)的函数。由于相对湿度的廓线信息已包含在神经网络 SWR 的输入中,因此只需包含上述五个特征变量,就能使神经网络模型完全模拟气溶胶对 SWR 的贡献。SWR 神经网络模拟气溶胶模型和 SWR 参数化过程的示意图可参见图 4.3。

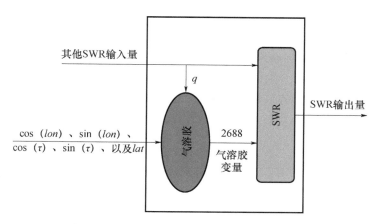

图 4.3　NCEP SWR 参数化的神经网络模型。该神经网络模型中包括了对 SWR 参数化过程和气溶胶模式的模拟

　　尽管 RRTMG-LW 和 RRTMG-SW 都是为 GCM 构建的快速计算方案,但它们仍然是 CFS 和 GFS 模式中最耗时的物理过程。模式物理和辐射(LWR 和 SWR)模型的计算时间占模式计算总时间的百分比主要取决于水平和垂直分辨率、时间步长、辐射计算频率和计算环境(如处理器和线程数)。在分辨率为 T126L64 的 CFS 中,RRTMG-LW 和 RRTMG-SW 如果每小时调用一次,辐射计算时间部分约为大气 GCM 整体模式计算总时间的 57%。上述所有辐射方案(LWR 和 SWR)的输出向量均由加热率和辐射通量的垂直剖面组成,包括了模式大气顶层的向外 LWR(或 OLR)通量。

4.3.2　训练集构建

　　利用整个耦合模式(如 CFS)或模式的大气模块(如 CAM 和 GFS)进行连续几年的积分,可以获得较长时间段的模拟数据集。例如,CFS 模式连续积分 10 年,CAM 持续积分 2 年,原始 LWR 和 SWR 参数化过程的所有输入和输出每月保存 2 天的全球数据(每月的第 1 天和在当月月中 1 天),每天 8 次(即每 3 h1 次),可生成 1920 个 CFS 全球数据集和 384 个 CAM 的全球数据集。对于 NCEP GFS 数值天气预报模式,在 1 年中,每月的第 1 天和第 15 天进行 10 天预报,而原始 LWR 和 SWR 参数化的所有输入和输出在每个预报结果当天保存 8 次全球数据,则可为 NCEP GFS 生成 1920 个全球数据集。从每个全球数据集中随机选择了大约 300 条 CFS 和 GFS 数据记录和 1500 条 CAM 数据记录。每个记录由所有垂直分层上特定水平位置的辐射输入和输出的组合组成。总共收集了约 600000 个辐射输入和输出,分为三个独立的部分,每个部分包含大约 200000 个输入/输出向量组合(记录)。第一部分数据用于训练,第二部分数据用于验证(进行过拟合控制以及优化神经网络体系结构),第三部分用于测试模拟效果。本章中介绍的所有近似统计信息都是使用独立的测试数据集计算的。神经网络模型的精度包括平均误差(或偏差)和 RMSE 是根据原始参数化过程计算的。

4.3.3 模式辐射的神经网络模型

4.3.1 节中讨论了模式 LWR 和 SWR 参数化神经网络模型的输入和输出的选择，本节主要讨论模型隐藏神经元数的选择，并通过对不同模型的近似统计特征进行比较，对比评估神经网络模型与原始参数化过程的性能。

隐藏神经元数量的选择

CAM 中 LWR 参数化的神经网络模型与原始 CAM 的 LWR 参数化方案的输入数（220个）和输出数（33 个）相同。已开发的几个神经网络模型均为一个隐藏层，神经元个数为 20～300 个。通过改变隐藏神经元的数量（k），能够验证神经网络模型精度对该参数的依赖性，并且通过衡量神经网络模型表达（式(2.4)）复杂性，选择具有最小复杂性的"最优"神经网络模型（参见 2.5 节）。

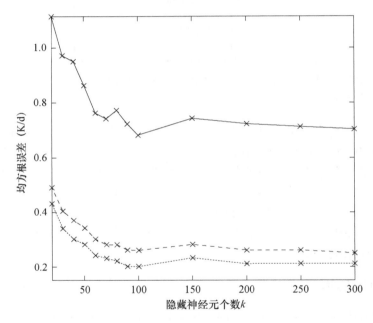

图 4.4　CAM LWR 参数化的神经网络模型在具有不同数量隐藏神经元个数 k 时均方根误差收敛情况。其中实线为 $RMSE_m$ 即基于（式(4.9)）令 $m=26$ 时计算得到的；虚线表示 RMSE（式(4.8)）；点线为 PRMSE（式(4.11)）

所有为 CAM 的 LWR 开发的神经网络模型均具有可忽略不计的系统误差（偏差）。图 4.4 给出了使用独立测试数据集计算均方根误差（式(4.8)、(4.9)和(4.11)）的收敛情况。这些误差均为随机情况下可以忽略不计的偏差。该图显示，当隐藏神经元数 $k \approx 100$ 时，已达到误差收敛。然而，在 $k \approx 50$ 时收敛非常缓慢且非单调变化。

判断模型是否最优且能否应用于模式的最终判据是：采用了该神经网络模型后 HGCM 的 10 年（或 50 年）积分结果（Krasnopolsky et al.，2005a；Krasnopolsky and Fox-Rabinovitz 2006a，2006b）与使用原始 LWR 参数化的控制试验相比，使用 $k=50$ 的神经网络模型是最简单的，可以在气候模式中积分 10 年、50 年甚至更长时间而没有显著的误差累积。可见，稳定性测试结果是神经网络模型准确度能够得到应用的主要指标。

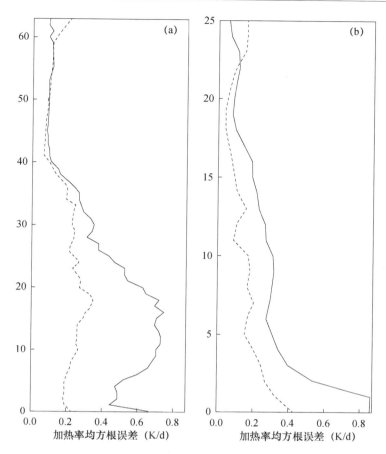

图 4.5　应用于两个模式的神经网络模型误差 RMSEP(式(4.12))的垂直分布(b. 应用模式为 CAM (26 个垂直层),a. CFS(64 个垂直层);实线对应于 LWR,虚线对应于 SWR。CAM 和 CFS 误差在低层出现的明显差异是由于与 CAM 相比,CFS 中增加的垂直层数大多集中在表面边界层及其附近,因此,a 下部的误差在 b 中被显著放大。实际上,在高度方面,误差及其垂直分布对于两种模式都是相近的;Krasnopolsky et al.,2010)。

　　图 4.5 给出了具有 50 个隐藏神经元的 CAM 的 LWR 最优神经网络模型($k=50$)垂直误差 PRMSE(j)的分布(图 4.5b,实线),结果表明整体误差较小,尤其是高层。顶部 10 层的误差不超过 0.2 K/d,顶部 20 层的误差不超过 0.3 K/d,最低高度层上的误差虽然达到 0.6~0.8 K/d,也不会导致 HGCM 的 50 a 气候模拟产生重大偏差,由此可见,神经网络模型具有较高的模拟精度。此外,神经网络模型的代码执行速度比原始 CAM 的 LWR 参数化方案快约 150 倍。

表 4.1　加热率计算精度(K/d)的估算,以及 LWR 神经网络模型与 CAM(T42L26)、NSIPP 模式(L40)和 CFS(T126L64)LWR 原始参数化方案计算性能对比的统计信息

	统计量	CAM ($L=26$)	NSIPP ($L=40$)	CFS($L=64$)		
				RRTMG	平衡调整	RRTMF
整体误差统计	Bias	3×10^{-4}	3×10^{-4}	2×10^{-3}	6×10^{-4}	7×10^{-4}
	RMSE	0.34	0.22	0.49	1×10^{-4}	0.42
	PRMSE	0.28	0.14	0.39	3×10^{-4}	0.30

续表

统计量		CAM (L=26)	NSIPP (L=40)	CFS(L=64)		
				RRTMG	平衡调整	RRTMF
底层误差统计	σ_{PRMSE}	0.2	0.16	0.31	1×10^{-4}	0.30
	Bias	-2×10^{-3}	3×10^{-3}	-1×10^{-2}	-6×10^{-4}	6×10^{-3}
	RMSE	0.86	0.41	0.64	1×10^{-5}	0.67
高层误差统计	Bias	-1×10^{-3}	-5×10^{-3}	-9×10^{-3}	6×10^{-4}	2×10^{-3}
	RMSE	0.06	0.1	0.1782	4×10^{-3}	0.09
神经网络复杂度	n_C	490	397	520	—	1,468
计算增速率 η	倍数	150	—	16(20)	—	21

整体统计数据给出了整个三维加热率场的偏差 Bias、RMSE(式(4.8))、PRMSE 和 σ_{PRMSE}(式(4.10))。分层统计信息给出了顶层或底层水平面上的偏差和 RMSE(式(4.9))。此外,基于 RRTWG(RRTMG 和 RRTMF 是 AER Inc. 针对辐射代码开发的不同版本)LWR 和 SWR 神经网络模型,给出了平衡调整过程的统计信息。同时也计算了神经网络模型的复杂性 n_c(式(2.4a))和平均增速倍数 η,其中 η 是基于全球数据集计算得到平均增速倍数,表示单个处理器代码处理过程中神经网络模型比原始参数化方案计算快多少倍,括号中的数字显示多处理器环境中的加速倍数

同样的方法也被用于选择其他神经网络模型中隐藏神经元的最优数量 k。统计分析表明,为了得到满足精度要求的近似结果,CAM 的 SWR 参数化的神经网络模型选择 $k=55$;而 CFS 的 LWR 和 SWR 参数化模型选择 $k=75$。

(2)近似统计

神经网络模型需要与原始 LWR 和 SWR 参数化方案进行对比验证。为了计算表 4.1 和表 4.2 以及图 4.5 中展示的误差统计信息,利用验证数据集对原始参数化方案及其神经网络模型进行对比。在针对 LWR 和 SWR 生成两组相应的加热率廓线数据集的基础上,计算了整体和水平平均差异(偏差或平均误差)、RMSE(式(4.8)和(4.9))、以及廓线 RMSE 或 PRMSE (式(4.11))和 RMSEP(式(4.12))。从表 4.1 和 4.2 以及图 4.5 所示结果来看,LWR 和 SWR 的神经网络模型在大气顶部的平均差异和 RMSE 非常小,RMSE 甚至比整体 RMSE 还要小,说明能够很好地处理大气顶部的非线性特征。与此同时,即使在大气低层,虽然各类 RMSE 有所增大,但其量值仍然比较小,不会导致平均偏差的显著增大。

表 4.2　加热率计算准确性(K/d)评估统计以及 SWR 神经网络模型与的计算性能与 CMA(T42L26)和 NCEP CFS(T126L64)的原始参数化方案计算性能的对比统计分析

统计量		CAM (L=26)	NCEPCFS(L=64)	
			RRTMG	平衡调整量
整体误差统计	Bias	-4×10^{-3}	5×10^{-3}	-3×10^{-3}
	RMSE	0.19	0.20	-5×10^{-3}
	PRMSE	0.15	0.16	-5×10^{-3}
	σ_{PRMSE}	0.12	0.12	1×10^{-3}
底层误差统计	Bias	-5×10^{-3}	9×10^{-3}	-8×10^{-3}
	RMSE	0.43	0.22	-0.01
顶层误差统计	Bias	2×10^{-3}	1.3×10^{-2}	4×10^{-3}
	RMSE	0.17	0.21	1×10^{-3}

统计量		CAM (L=26)	NCEPCFS(L=64)	
			RRTMG	平衡调整量
神经网络复杂度	n_C	439	706	—
计算增速率 η	倍数	20	60(88)	—

注:整体统计数据给出了整个三维加热率场的偏差 Bias、RMSE(式(4.8))、PRMSE 和 σ_{PRMSE}(式(4.10))。分层统计信息给出了顶层或底层水平面上的偏差和 RMSE(式(4.9))。此外,基于 RRTWG(RRTMG 和 RRTMF 是 AER Inc. 针对辐射代码开发的不同版本)LWR 和 SWR 神经网络模型,给出了平衡调整过程的统计信息。同时也计算了神经网络模型的复杂性 n_C(式(2.4a))和平均增速式倍数 η。

值得注意的是,如果近似误差的幅度很小,且对模式结果的影响几乎可以忽略不计,那么这个结果就与 Krasnopolsky 等(2008a,2010)的结论一致,即近似误差对 CAM 以及 CFS 和 GFS 的影响也可以忽略不计。可见,要得到近似误差足够小这一结论,需要通过模式运行对神经网络模型进行验证。

从表中所显示的精度统计数据来看,具有 26 个垂直层的 CAM、具有 40 个垂直层的 NSIPP 和具有 64 个垂直层的 CFS 之间几乎没有区别,这也说明了神经网络模拟方法在模型垂直分辨率变化方面具有鲁棒性。而 CFS 和 CAM 中 LWR 和 SWR 的整体误差垂直分布的相似性,以及所有模式的分层 RMSE 在表面附近的明显增长,说明神经网络模型的准确性与模式的垂直分辨率关系不大,但是与所在大气层的垂直位置有关(图 4.5)。

计算速度提升评估

表 4.1 和表 4.2 中同时给出了神经网络模型复杂度 n_C(式(2.4a))和平均增速率,定量衡量了神经网络模型的计算速度较原始参数化方法提升的效果。由于本节所比较的神经网络模型的输出量个数不同,因此使用了每个输出量的复杂度 n_C 作为比较指标。对于 LWR 参数化过程,尽管 CFS 的 LWR 神经网络模型计算速度比原始参数化方案快 16 倍,但由于其垂直分层达到 64 层,与 CAM(垂直分层 26 层)相比,计算增速效果明显较低。对于 SWR 参数化,则可以观察到相反的趋势,即 CFS 中 SWR 神经网络模型的计算速度比 CAM 中 SWR 神经网络模型快 3 倍以上。LWR 和 SWR 模拟过程中这些看似矛盾的计算,可以通过两个主要因素的相互作用来解释(Krasnopolsky et al.,2010),即辐射计算本身的物理过程和数学复杂性(参见 2.2.2 节),以及描述辐射传输过程的特定数值方案对模式垂直层数的依赖性。表 4.1 和表 4.2 中显示的结果表明,CFS 的 RRTMG-LW 参数化中实现的数值方案与原始 CAM 的 LWR 参数化相比,计算效率有显著提高。因此,CFS 的 LWR 神经网络模型比 CAM 的 LWR 神经网络模型产生的加速系数更小。

CFS 的 RRTMG-SW 包含更多的光谱带,同时需要对更多种类的吸收或散射量进行更为复杂的处理,因此,其神经网络模型计算增速的量值大于 CAM 的 SWR 模型。在任何情况下,与基于神经网络的混合 LWR 参数化神经通量(见 4.2.1 节)相比,神经网络模型在精度和加速方面对垂直分辨率增加的依赖性明显较少。这是由于基于神经网络的混合 LWR 参数化神经通量的垂直分辨率达到 60 层甚至更多,因此无法同时实现精度和加速(Morcrette et al.,2008)。而对于垂直分层为 64 的神经网络模型来说,可以在满足神经网络模拟所需精度的基础上,将 LWR 的计算速度提高 16 倍,SWR 参数化的计算速度提高 60 倍。

由于云辐射相互作用的复杂性不同,辐射传输计算在不同云条件下需要的时间不同。分别针对三种不同类型的云分布情况进行计算效能提升的评估,即包括了晴空、三层云以及包含深度对流的复杂云况。每类测试都使用了 3000 个廓线数据,计算时间和加速的结果见表 4.3。对于复杂云况条件下的云辐射相互作用,原始 LWR 和 SWR 参数化计算时间分别比晴空多 22% 和 57%。显然,神经网络辐射模型的计算时间不受云条件影响。因此,对于复杂条件下的云辐射相互作用,计算速度会显著提高。

表 4.3 在不同云条件下 LWR 和 SWR RRTMG 原始参数化方案与神经网络模型的计算时间和计算增速情况对比

参数化方案	LWR RRTMG			SWR RRTMG		
云况类型	晴空	3 层云	深对流	晴空	3 层云	深对流
原始参数化方案 (时间单位:s)	9.6	10.1	11.7	33.8	42.8	52.9
神经网络 (时间单位:s)	0.6	0.6	0.6	0.6	0.6	0.6
增速倍数	16	16.8	19.5	56	71	88

注:以上计算使用 IBM Power 6 超级计算机的单个处理器执行。

如表 4.3 所示,表 4.1 和表 4.2 中显示的平均加速倍数更接近在晴空条件下获得的最小加速倍数。表 4.1、表 4.2 和表 4.3 中显示的结果是基于代码比较,并通过模式在单个处理器上运行的情况进行比较的。但是,如果在进行使用原始参数化控制实验与神经网络模型实验比较时,两个模式都使用多个处理器和线程来进行运算,那么实际加速将显著增加,其量值更接近表 4.3 中增速倍数的最大值,即由深度对流条件下的最慢计算过程来确定。实际上,控制实验中所有其他云条件下的辐射计算速度都比较快,但在完成深对流条件的辐射计算之前,不会启动下一个积分时间循环,而神经网络模型运行过程中辐射计算的时间与云条件无关。因此,在使用多个处理器和线程的并行计算中,除了显著加速之外,在模式中使用神经网络模型的另一个优点是有助于实现更好的数据读入平衡。

当同时使用神经网络模型对 LWR 和 SWR 或者整个辐射模式进行模拟时,在每小时均计算 LWR 和 SWR 的条件下,CFS 气候模拟和季节性预测的总体速度能够提升大约 20%~25%。因此,神经网络模型提供的计算加速(参见表 4.1 和表 4.2)也可用于提高辐射模式计算的时间精度。

LWR 和 SWR 的加热率平衡

LWR 和 SWR 参数化方案中,输出向量由冷却或加热率的垂直剖面以及大气顶部和底部的几种辐射通量组成。同时气压、加热率和通量之间存在一定的积分关系。比如对于非平衡参数 ε,这种关系可表示为:

$$\varepsilon = \frac{\sum_{k=1}^{L} \alpha_k \cdot h_k}{\sum_{k=1}^{L} \alpha_k} + \frac{\Phi}{\sum_{k=1}^{L} \alpha_k} = 0$$

$$\Phi = \begin{cases} F_{\text{tup}} + F_{\text{sup}} + F_{\text{sdn}} & \text{针对 LWR} \\ F_{\text{tup}} - F_{\text{tdn}} + F_{\text{sup}} + F_{\text{sdn}} & \text{针对 SWR} \end{cases} \tag{4.13}$$

其中,$\alpha_k = (p_k - p_{k-1})/G$;$p_k$ 和 h_k 分别代表特定高度层 k 上的气压和加热率;G 为常数。F_{tup} 表示大气顶部总的向外 LWR 或 SWR 通量,F_{tdn} 则表示大气层顶部总的向下 SWR 通量,F_{sup} 是表面向上总的 LWR 或 SWR 通量,F_{sdn} 是表面附近空中向下 LWR 或 SWR 通量。

由于映射关系能够被显式(或隐式)包含在参数化中,因此原始辐射参数化方案的输出能够在较高精度上满足式(4.13);而神经网络模型的输出仅能近似满足式(4.13)。例如,在本节的例子中,虽然 ε 量值很小,但其表征的是非平衡特征,即 $\varepsilon \neq 0$。从表 4.1 中可知,RRTMG 的 LWR 神经网络模型中 ε 的 平均值为 6.5×10^{-4} K/d。因此,可以引入 $\tilde{h}_k = h_k + \varepsilon$,从而对加热率进行修正。虽然这个修正量非常小,但是修正后可使得加热率达到平衡,且满足式(4.13)。如表 4.1 和表 4.2 中所示,此平衡过程不会显著影响 LWR 神经网络的整体精度,但是对提高 SWR 神经网络的整体精度有积极作用。因此,神经网络模型产生的加热率可以通过使用式(4.13)来进行平衡调整。

4.3.4　基于并行气候模拟和天气预报的神经网络模型验证

在本节中,介绍通过比较两类并行模式对神经网络模型进行最终验证的思想和方法。一类方式称为"控制实验",即使用原始 LWR 和 SWR 参数化方案;另一类方式则为使用神经网络模型的神经网络进行处理。比较过程同时考虑了预报场和诊断量的空间和时间特征。本节的验证采用了两种方式,一是利用 CAM 和 CFS 进行 10 a 气候模拟;二是利用 GFS 天气预报模式进行 8 d 预报。只有通过神经网络模型在模式中应用效果的验证,才能最终确定前面各节中评估的近似精度是否足以支撑在模式中使用神经网络模型代替原始参数化方案。

神经网络模型在全辐射模式中应用效果的评估

为了评估神经网络应用引起的变化,基于常规偏差量度(如观测误差、再分析不确定性等)对不同实验结果的比较结果表明,这些运行实验的偏差小于上述常规偏差量。

一般来说,如果神经网络模型的精度更高(也就是上文所述近似误差较小),偏差应该更小;并且随着神经网络模型精度不断提高,偏差可能降低到 0。然而在处理复杂的非线性系统时,往往与实际情况不符。由于 GCM(CAM、CFS 或 GFS)本质上属于非线性系统,因此可能产生类似于"蝴蝶效应"的结果,也就是说,即使在模式或模式计算环境中的小扰动(如计算机硬件、操作系统、编译器、库中的常规更改等),也可能产生显著的反应或响应。任意初始条件或计算环境中的不确定性,即使是极小的变化,在超过可预报性时效后,会导致两个模式积分结果出现不一致,造成这两个积分结果所表征的大气状态在时空状态开始时就表现出其本质上的相互独立性。这种情况可以理解为,与上述小扰动一起产生的两个控制模式运行结果在本质上提供了模式气候尺度上的两个独立样本,它们的差异则能够反映模式本身的误差(即模式误差)。这种模式误差能够表征对气候模拟不确定性的定量评估,其对于气候模拟的影响相当于观测噪声在观测中所起的作用。因此,从实际应用的角度来看,如果模式中引入的扰动所产生的影响与模式误差同量级,那么这些扰动的影响可以忽略不计。

为了验证使用神经网络模型后引入的扰动的大小,利用 CFS 对模式误差进行定量估计。如果使用神经网络模型后,在模式中引入的偏差或扰动与模式误差同量级,则表明从实际应用角度,神经网络模型的近似误差可以忽略不计,即神经网络模型精度能够满足模式应用要求。这也给出了神经网络模型训练的一个重要结论,即在复杂非线性环境中使用神经网络模型的标准是神经网络模型的准确性不应超过环境自身的误差量级,否则可能会导致过拟合的问题。

为了估算模式误差,可使用原始 CFS 模式(即不包含神经网络模型)生成了两个控制实验。两个实验是分别对应于基于 FORTRAN 编译器和 FORTRAN 库版本进行常规更改(即由系统管理员准定期引入)前、后进行的模式运行。下面给出了利用 CFS 的这两个控制实验之间的偏差,并通过比较神经网络模型与控制实验之间差异,分析神经网络模型精度的计算。

并行实验比较

利用 CAM 进行了两次 40 a(1961—2001 年)的并行气候模拟实验,即控制实验和神经网络模型实验。同时利用 CFS 进行了三次 17 a(1990—2006 年)气候模拟:一次神经网络模型实验和两次控制实验(参见上一节)。同时利用 NCEP GFS 进行 8 d 的天气预报,同时包括了控制实验和神经网络模型实验。对于气候模拟来说,需要从空间(全局)范围和时间特征的角度分析实验之间的差异;而对于天气预报,则可使用数值天气预报中经常使用的统计指标(如异常相关性等)。本节展示了部分比较结果来说明神经网络模型的性能,如需了解详细分析和讨论,可查阅 Krasnopolsky 等(2008b,2010,2012)。

首先需要比较的是不同实验之间在辐射过程的空间和时间特征模拟上的差异。图 4.6 给出了神经网络模型实验(图 4.6a)、控制实验(图 4.6b)的纬向和时间平均 SWR 加热率(HR,单位:K/d),以及利用 CAM 进行 40 a 模拟得到的纬向和时间平均加热率(图 4.6c)。纬向平均结果是从加热率的三维场通过经向积分得到的二维场,与 *lat*、*lon* 和垂直坐标(即压力或高度)相关。从图中可以看出,两个实验的加热率分布特征(图 4.6a、4.6b)非常相似,偏差很小,不超过 0.1 K/d。需要值得注意的是,由于 SWR 中近表层加热率较大,该处的偏差也稍大一些(图 4.6)。

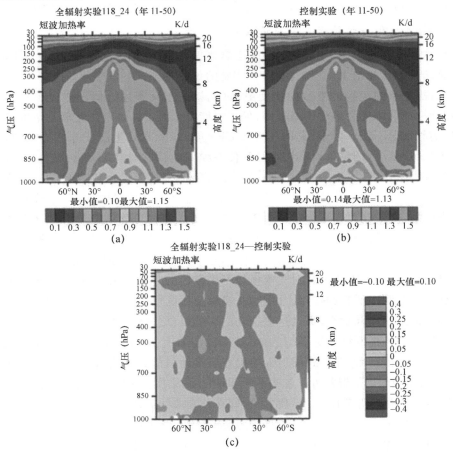

图 4.6 基于 CAM 得到的纬向和时间(1961—2001 年)的平均 SWR 加热率(单位:K/d)。其中神经网络模型实验(a)、控制实验(b)以及两者的差值(c)。纬向平均结果是从 HR 的三维场通过经向积分得到的二维场,与 *lat*、*lon* 和垂直坐标(即压力或高度)相关。水平轴表示纬度,垂直轴为气压/高度层(见彩图)

　　图 4.7 中给出了基于 CFS 的 17 a 模拟过程得到的神经网络模型实验和控制实验的偏差，以及两个控制实验之间纬向和时间平均 LWR 和 SWR 通量的差异。其中图 4.7a、b 分别给出了冬季大气顶部向上长波和短波通量（单位：W/m^2）的纬向和时间平均偏差；图 4.7c、d 分别给出了纬向和时间平均向下和向上表面长波通量（单位：W/m^2）的偏差。从图 4.7 中显示的通量结果来看，神经网络模型辐射实验和控制实验（实线），以及两个控制实验的偏差（即模式误差，虚线）之间的差异都很小，两者均为同量级且量值不超过 $2\sim3$ W/m^2，其关系可以类比于观测误差相对于观测的不确定性（Kalnay et al.，1996；Kistler et al.，2001）。从量级差异的相似验证表明，神经网络模型实验辐射过程与控制实验之间的差异与模式误差相当，即从实际应用角度来看是可以忽略不计的。

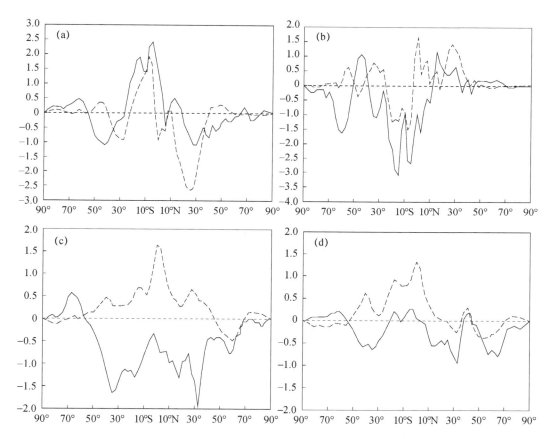

　　图 4.7　a、b 给出的是基于 CFS 的冬季大气顶部向上长波（a）和短波（b）通量（单位：W/m^2）的纬向和时间平均偏差。其中实线表示全辐射神经网络模型实验和控制（CTL）实验的差异；虚线表示两个控制实验之间的差值，即模式误差。c、d 给出的是纬向和时间平均向下（c）和向上（d）表面长波通量（单位：W/m^2）的偏差。纬向平均结果是基于辐射通量二维场（lat 和 lon）在经度方向积分得到的曲线。通量差则通过乘以 $\cos(lat)$ 来考虑区域性（Krasnopolsky et al.，2010）

　　图 4.8 给出了利用 CAM 得到的 850 hPa 全球温度预报场。可以看出图 4.8a 与图 4.8b 显示的水平分布特征非常相似，同时差值场（图 4.8c）显示的偏差为 0.06 K 左右；RMSE 为 0.34 K，最小和最大差值为 1.6 K 和 0.9 K，属于观测或再分析误差范围内。

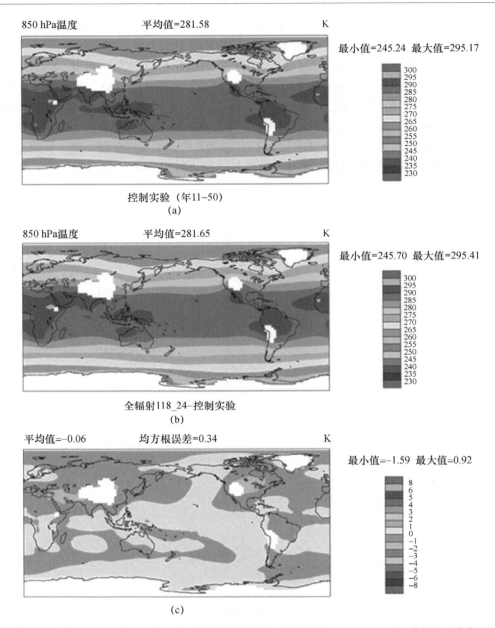

图 4.8　基于 CAM 的 850 hPa 全球温度预报场的时间平均（1961—2001 年）分析场（单位：K），包括全辐射神经网络模型实验结果(a)、控制实验结果(b)、以及两者差值(c)（见彩图）

图 4.9 和图 4.10 给出了基于 CFS 计算得到的总降水量和总云量。这些物理量对模式中的任何扰动都非常敏感，因此可以作为神经网络模型精度变化的敏感性指标。从图中显示的结果来看，不同实验之间在时空平均量上均表现出相似的分布特征。图 4.9a、b 和图 4.10a、b 分别表示控制实验（图 4.9a、图 4.10a）和全辐射神经网络模型实验（图 4.9a、图 4.10b）的输出结果，下行则为差值场，即全辐射神经网络模型实验与控制实验的差值（图 4.9c、图 4.10c）以及两个控制实验的差异（即模式误差，图 4.9d、图 4.10d）。其中图 4.9 展示的是 17 a（1990—2006 年）内夏季总降水率的时间平均场及其距平；图 4.10 则为 17 a（1990—2006 年）冬季总云量全辐射神经网络模型实验和控制实验结果的时间平均分布和及其距平。从图中可以看出，

全辐射神经网络模型实验和控制实验的平均降水量和云量的计算结果都非常接近;而降水率和云量的平均差值主要集中在热带地区,量值也相当有限,平均差值以及 RMSEs 的量级非常接近模式误差。其他季节的分析结果也类似。

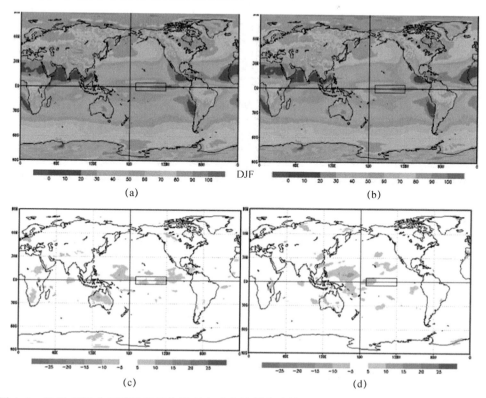

图 4.9　基于 CFS 全辐射神经网络模型实验和控制实验结果的时间平均(1990—2006 年)夏季总降水量率(JJA)(图 a. 控制实验(CTL),b. 全辐射神经网络模型实验;c. 偏差场(全辐射神经网络模型实验-CTL),d. 模式误差;当等值线范围为 0~6 mm/d 时,间隔设为 1 mm/d;达到 6 mm/d 时,间隔设为 2 mm/d;偏差场(c,d)的等值线间隔为 1 mm/d)(见彩图)

　　在利用气候模拟对神经网络辐射模型进行验证后,在数值预报模式 GFS 中引入了神经网络辐射模型,并对其在天气尺度时空分辨率上进行了 8 d 的预报实验。采用的 LWR 和 SWR 模型均具有 100 个隐藏神经元,同时这些模拟器已进行初始验证,具有较好的准确性及最小的复杂度。基于 GFS 模式的预报实验,利用每天的预报结果和诊断场进行了异常相关性(Anomaly correlation:AC)、偏差和 RMSEs 的分析比较的结果表明,神经网络辐射模型实验和控制实验都非常接近计算的统计数据。其中 AC 是预报准确性的统计特征量。可以使用以下方程计算(Krishnamurti et al.,2003):

$$AC = \frac{\sum\{[(T_f - T_C) - \overline{(T_f - T_C)}] \cdot [(T_v - T_C) - \overline{(T_v - T_C)}]\}}{\sqrt{\sum[(T_f - T_C) - \overline{(T_f - T_C)}]^2 \cdot \sum[(T_v - T_C) - \overline{(T_v - T_C)}]^2}} \tag{4.14}$$

其中,下标 f 表示预报量,下标 C 表示气候量,下标 v 表示验证分析结果。物理量上方的上横线 * 表示全局(面积)平均值,T 是全球温度;求和是在水平全球网格的所有网格点上执行。一般来说,AC 越接近 1,说明预报效果越好,通常 AC 会随着预报时效增加而减小。

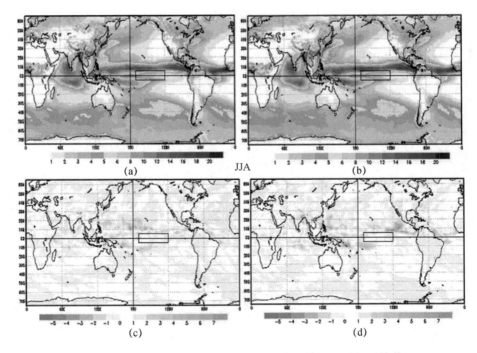

图 4.10　基于 CFS 全辐射神经网络模型实验和控制实验结果的时间平均值(1990—2006)冬季总云量(DJF)(a. 控制实验(CTL),b. 全辐射神经网络模型实验;c. 偏差场(全辐射神经网络模型实验-CTL),d. 模式误差;云量等值线间隔为 10%,偏差场间隔为 5%)(见彩图)

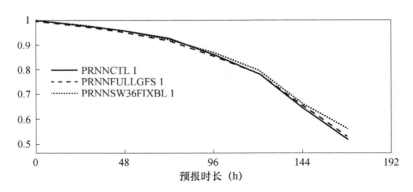

图 4.11　500 hPa 全球温度场的异常相关性(AC)(黑线表示采用原始 LWR 和 SWR 参数化的 GFS控制实验;绿线代表采用神经网络 SWR 模型与原始 LWR 参数化方案的 GFS 实验;红线则是采用神经网络 SWR 和 LWR 模型的 GFS 实验)(见彩图)

图 4.11 给出了 500 hPa 全球温度场的异常相关性随预报时长的演变。结果表明,与RRTM LW 和 SW 辐射参数化方案相比,神经网络 LWR 模型和 SWR 模型在不降低全球温度预报准确性的同时,计算效能分别提高约 20 倍和 60 倍,其他预报量检验结果也类似(Krasnopolsky et al. ,2012)。

　　神经网络模型的标准化输出

　　在 2.3.4 和 2.3.5 节中讨论了神经网络模型的体系结构(单神经网络模型与神经网络数组成员)的选择以及神经网络模型输出的不同标准化方法。本节利用 CAM LWR 参数化的神经网络模型来对以上内容进行具体应用说明(可参见 Krasnopolsky and Fox-Rabinovitz,2006b)。

具有多个输出的单个神经网络模型,输出的标准化比具有单个输出的神经网络模型对近似精度的影响更显著。图 4.12 说明了模式在不同垂直分层上的近似误差对输出标准化类型的依赖性。图 4.12b 表示的是 LWR 加热率(单位 K/d)的绝对近似 RMSEP(式(4.12));图 4.12b 则为每个垂直分层上的相对近似 RMSEP,用该层的加热率(q)的标准差(σ_q)来表示。其中点线表示在[$-1.0,1.0$]范围内的输出标准化(式(2.6))。显然,这种标准化的误差函数在计算绝对近似和相对近似的 RMSEP 时,对具有小 σ_q(13~18 层)和大 σ_q(0~3 层)垂直高度上的加热率产生了低估,导致在垂直方向上出现量值较大且分布非均匀的误差。而多输出标准化方式式(2.8),能够加速神经网络输出层中线性权重的训练。对于多个输出的情况,这种标准方法化会产生与式(2.6)差异较大的近似误差(图 4.12 中虚线所示)。同时,这种标准化方法能够得到垂直分布更为均匀的相对误差分布(图 4.12a),且显著减小具有小 σ_q(13~18 层)和大 σ_q(0~3 层)的垂直高度上加热率的绝对误差。此外,对 33 个单输出神经网络构成的组合模型,以及模型中每个神经网络按照式(2.6)进行标准化后的误差分布结果(图 4.12 中未显示)与虚线表示的误差分布非常相近。需要说明的是,在上述情况的误差分析以及神经网络训练过程中,均不考虑输出之间的相关性信息(请参阅 2.3.5 节)。

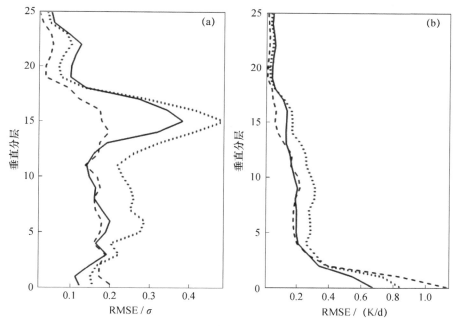

图 4.12　基于 CAM 的 LWR 神经网络模型和 26 层 LWR 加热率的 RMSEP 垂直廓线(式(4.12)),对 LWR 神经网络模型的不同体系结构以及不同类型的输出标准化分析进行分析(a. 同一高度层上计算得到的 LWR 加热率的相对 RMSEP(标准差)。b. 绝对 RMSEP(单位:K/d);实线、断线和点线所对应的神经网络结构是具有 33 个输出量和 150 个隐藏神经元的 3 个单神经网络,其中点线对应于采用式(2.6)进行输出标准化的误差分析结果,而虚线和实线分别对应于采用式(2.8)和式(2.9)进行输出标准化的结果)

利用式(2.9)进行输出标准化能够在式(2.6)和式(2.8)之间形成平衡。采用此类标准化方法的误差分析在图 4.12 中以实心曲线表示。对于神经网络模型的不同应用,可能会产生不同类型的错误分布;当然绝对误差或相对误差越小时,应用效果可能越好。对于具有多个输出的单神经网络模型,不同的输出标准化方法能够为合理控制此类问题提供很好的工具。

如果使用单输出神经网络,应训练 33 个神经网络组合来模拟 LWR 参数化过程。因此对于一个神经网络组合模型来说,要使其近似精度接近具有 150 个神经元的单个神经网络(图 4.12 中实线),则需要大约 450 个隐藏神经元。因此,当考虑具有多输出单神经网络模型输出量的相关性时,可以通过使用具有多输出的单神经网络模型获得大约 3 倍的性能增益(计算加速)。

4.3.5 基于 NCAR CAM 的短波辐射复合参数化模型

在本书 4.2.2 节中讨论了质量控制的基本概念,本节则基于 CAM 短波辐射参数过程的神经网络模拟,给出关于质量控制的实际应用解决方案(Krasnopolsky and Fox-Rabinovitz 2006b;Krasnopolsky et al.,2008a)。

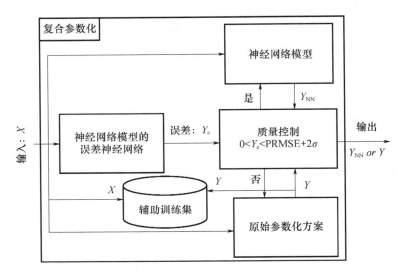

图 4.13　基于 CAM 的 SWR 复合参数化模型设计。在 SWR 神经网络模型中,需要根据特定输入矢量 X 及其对应的神经网络输出矢量 Y_{NN},构建针对预报误差 Y_ε 的附加神经网络(也称误差神经网络)。如果这些误差(通常情况下包括两个标准偏差及其平均值)不超过预设的阈值,则可以使用 SWR 神经网络模型;否则,则使用原始 SWR 参数化方案。当质量控制过程需要使用原参数化模型而不是神经网络模型时,则需要每次更新辅助训练集(Auxiliary Training Set;ATS)。ATS 可以用于接下来的神经网络模型的调整

有效的质量控制设计是通过训练一个附加的神经网络来实现基于特定输入量的神经网络模型误差预测,即构建误差神经网络。误差神经网络与神经网络模型具有相同的输入,并基于这些输入预测出的一个或多个模型的误差输出。在本节介绍的示例中,将所有输出量的积分误差 PRMSE(式(4.10))作为误差特征指标进行分析,因此误差神经网络只有一个输出量。

复合参数化(CP)系统由原始参数化方案、神经网络模型、误差神经网络和质量控制模块构成(如图 4.13)。在模式积分期间,CP 的工作方式如下:如果误差神经网络预测的误差不超过预定阈值,则使用神经网络模型;否则,则使用原始参数化方案。对于 4.3.3 节中描述的 SWR 神经网络模型(具有一个隐藏层 55 个神经元和 1 个输出层的神经网络架构),需要训练

一个能够预测该模型中每个特定输入向量 $\boldsymbol{X}_i$ 的输出误差 PRMSE(i)（式（4.10））的误差神经网络。该误差神经网络输出的平均 PRMSE、PRMSE 及其 SD 的均值（式（4.11））可以作为质量控制模块的计算阈值。

误差神经网络的预测误差接近于基于同一输入向量的神经网络模型的实际误差。图 4.14 显示了利用超过 100000 个输入记录的测试数据集执行的计算结果，并给出了每个输入量的误差神经网络预测的误差结果以及和神经网络模型的实际误差结果。SWR 神经网络模型的实际误差被分箱，计算并绘制出每个箱条误差神经网络预测的相应平均误差，从而得到与 SWR 神经网络模型实际误差相关的曲线。图 4.14 表明，利用独立测试数据集计算得到误差神经网络的预测结果及 SWR 神经网络模型实际误差与 SWR 原始参数化方案之间的相关性非常强。此时，小误差的线性依赖性转变为与较大误差对应的非线性特征。在整个测试数据集上可计算得到这两个误差之间的相关系数高达 0.87。

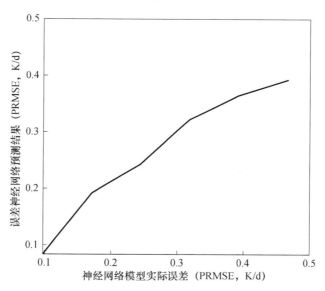

图 4.14 　 实际误差（SWR 神经网络模型的 PRMSE）与误差神经网络预测结果之间的相关性。上述两个误差都是基于独立测试集计算且与原始参数化方案结果比较后得到的，两者之间的相关系数为 0.87

图 4.15 则给出了两个误差概率密度函数的比较，其中实线对应于 SWR 神经网络模型误差，虚线对应于复合参数化系统误差。上述两个误差都是基于独立测试集计算，且与原始参数化方案结果比较后得到的，垂直轴采用对数形式表达。图 4.15 表明实线和虚线之间的差异非常小，说明了复合参数化的有效性。此外，复合参数化的应用可将较大的误差减少约一个数量级，并完全消除超过 10 K/d 的误差（见表 4.4），表明复合参数化在消除异常值方面的有效性。表 4.4 还给出了其他统计参数结果上体现出的改进。可见，对于复合参数化的使用：（a）由于其系统误差几乎为 0，因此不会出现系统误差（偏差）的增加；（b）可显著减少随机误差，特别是显著减少极端误差或异常值。值得注意的是，在本节讨论的复合参数化和相关验证数据集中，质量控制模块剔除了约 1% 的 SWR 神经网络模型输出结果，转而使用原始 SWR 参数化方案进行计算。进一步完善了质量控制模块中的使用标准，能显著减少已经很小的异常值的百分比。

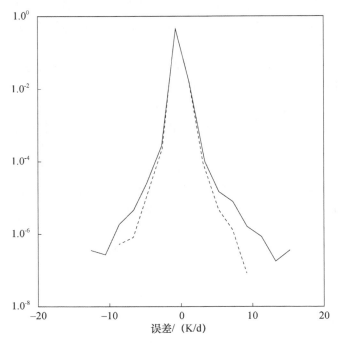

图 4.15   SWR 神经网络模型误差（实线）和图 4.13 所示的复合 SWR 参数化模拟误差（虚线）的概率密度分布。垂直轴为对数坐标，表征误差概率；水平轴表征神经网络模拟误差（单位：K/d）。在这两种情况下，计算得到的误差均与原始的 SWR 参数化结果进行比较。复合参数化系统将较大误差的出现概率降低一个数量级，并完全消除超过 10 K/d 的误差

表 4.4   SWR 神经网络模型及其复合参数化系统的误差统计信息。包括偏差和总 $RMSE$、模式低层均方根误差 $RMSE_{26}$ 和极端异常值（最小和最大误差）

	偏差 （Bias）	均方根误差 （RMSE）	模式低层均 方根误差 （$RMSE_{26}$）	误差最小值	误差最大值
SWR	4×10^{-3}	0.19	0.43	-46.1	13.6
SWR CP	4×10^{-3}	0.17	0.30	-9.2	9.5

注：表中统计数据是基于独立测试集计算的，且所有误差单位均为 K/d。

上述复合参数化设计中已使用了 SWR 神经网络模型，并在 CAM 中实现应用。通过采用质量控制过程中的不同阈值，进行了 40 a 模拟的敏感性实验后，确定 0.5 K/d 作为模式选用阈值。结合本节分析可知，选择适当的阈值意味着所选阈值（约等于 $\mu+2\sigma$）甚至不允许出现有限的误差累积（参见图 4.16 中的红线）；同时在 CAM 模拟期间，不会降低因使用快速神经网络模型所获得的计算加速。因此，在使用复合参数化的模式中，每个积分时间步长和每个网格点上需要通过误差神经网络估计神经网络模型的误差，如果估计误差不超过 0.5 K/d，则计算神经网络模型输出并在模式中使用；否则，计算原始参数化方案，并将其输出提供模式使用。

图 4.16 中给出的例子说明了复合参数化能够有效消除模式积分过程中所有误差累积。当模式在没有质量控制的情况下进行积分时，SWR 神经网络模型在积分到 24～25 a（图 4.16 蓝色曲线）期间，会产生适度的误差增长，即误差从 0.07 K/d 增加到 0.14 K/d。与此同时，误差神经网络（图 4.16 黑色曲线）很好地预测了误差的增长过程。使用质量控制（即模式与复合参数化集成）

后,整体误差水平(图 4.16 红色曲线)显著下降,且能够消除误差异常值以及 24~25 a 的显著增长。

与没有质量控制的神经网络模型相比,使用复合参数化能够为模型提供稳定且减少的误差环境。经过质量控制处理后,选择使用原始参数化方案的模式网格点的比例约为 0.05%~0.1%(最大值也低于 0.4%~0.6%)。因此在整个模拟过程中,仍然保留了使用神经网络模型所带来的高计算性能,也就是说使用复合参数化模型的计算速度比使用原始 SWR 参数化方案快 20 倍。

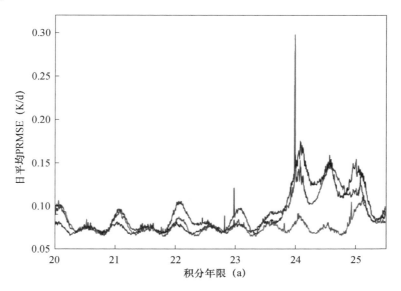

图 4.16　SWR 神经网络模型误差在模式运行期间产生的误差(蓝线)、误差神经网络预测结果(黑线),以及引入复合参数化后产生的偏差(红线)(Krasnopolsky et al.,2008a)(见彩图)

4.3.6　基于 CRM 模拟数据的 CAM 对流参数化神经网络

本书 4.2.2 节和图 4.2 介绍了开发对流参数化神经网络的方法,本节则主要介绍和讨论相关的实际应用,对详细过程有兴趣的读者可参阅 Krasnopolsky 等(2011,2013)。

参数化过程及其不确定性

本节主要讨论了利用 CRM 模拟的数据为 GCM 开发对流参数化神经网络时,数据准备过程中出现不确定性的原因及其主要性质(详细讨论可见 Krasnopolsky et al.,2011)。研究表明,不确定性是数据本身固有的性质,因此,基于这些数据开发的参数化过程本质上属于随机参数化。

本书 4.2.2 节中给出的如何在开发过程的前三个步骤中,在训练数据集或“准观测”数据集中 s 引入了不确定性。这些步骤中每一步都引入了不确定性,且其来源是可以逐步追踪的。首先,可将 CRM 模式视为映射 μ,它定义了输入向量(x)和由 CRM 变量组成的输出向量(y)的关系。在每一个时间步长上,只要给定向量 x,则可以根据如下关系得到向量 y,即:

$$y = \mu(x) \tag{4.15}$$

式中,(x,y)为高分辨率 CRM 的物理量(空间分辨率为 1 km,时间分辨率为 5 s)或 CRM 模拟数据。这些物理量或数据均与 CRM 相关,且可由方程(4.15)表示。μ 表示的是确定性映射,意味着它由一组完整的 CRM 方程显式表达的,且一个特定的 y 对应于一个特定的 x。

开发过程的第一步中,需要一段时间 T 内模拟 CRM 或在每个时间步长上应用式(4.15)。

每个时间步长上的 CRM 模拟都是通过大尺度观测数据驱动的。但是,由于 CRM 中的部分物理参数化方案(如微物理过程)中包含许多简化,CRM 并不完美,因此 CRM 的模拟结果会逐渐偏离观测数据。观测与"CRM 模拟"之间的差异是准观测数据以及基于这些数据进行参数化处理过程中不确定性的第一个来源。

开发过程的第二步,则需要在给定区域 $r(\rho < r < R)$ 和给定时间间隔 $(\tau < t < T)$ 上对高分辨率数据 (x, y) 进行平均,其中 $\rho = 1$、$\tau = 5$ 分别为 CRM 的空间分辨率和积分时间步长。此时,可得到模拟数据的平均矢量 $\underline{x}$ 和 $\underline{y}$,下横线代表关于 r 和 t 的平均。通过改变 r 和 t,可以调节从参数化模型(基于准观测数据开发)中传递给 CAM 的次网格信息量。也就是说,通过从 $\rho = 1$、$\tau = 5$ 改变到更低分辨率 ρ 和更长时间 t 后,会逐渐在 CAM 中减少次网格信息的引入。确定 r 和 t 的最优值是验证 CAM 对流参数神经网络模型性能的关键问题之一。必须强调,新变量 $\underline{x}$ 和 $\underline{y}$ 是随机变量,其分布表现为以均值为中心的特定概率密度函数特征。

第三步,将 CRM 空间的大气状态投影到 GCM 空间。这一步首先需要完成的是将 CRM 平均量 $\underline{x}$ 和 $\underline{y}$ 转换到这些变量的子集 X 和 Y 中。将 $\underline{x}$ 和 $\underline{y}$ 分别记为 $\underline{x} = \{X, x'\}$,$\underline{y} = \{Y, y'\}$,即将其分为两个部分,其中新变量集合 X 和 Y 中仅包括对应存在 GCM 变量的变量,或者可以从 GCM 中提供的预报量或诊断量中计算或转换得到的变量;其他变量 x' 和 y' 将被移出,不在参数化过程中体现,可理解为删减变量。由此可见,由于忽略了部分物理量 x' 和 y',新变量集合 X 和 Y 中引入了额外的不确定性。

最后,假设新投影变量 X 和 Y 之间存在的映射可以写为:

$$Y = M(X) + \varepsilon \tag{4.16}$$

映射 M 是两个随机向量变量 X 和 Y 之间的复杂随机映射(请参阅 2.2.4 节)。随机映射式 (4.16) 并不是确定的。对于 X 的每个特定值,可能对应存在许多不同的 Y 值,同时这些 Y 值出现的概率受联合概率密度函数 $\rho(X, Y)$ 决定,而这个函数是受到不确定参数 ε 影响的。同样地,一个 Y 值也可以由不同 X 值的随机映射生成,其概率由两者的联合概率密度函数确定。

由于删减变量 x' 和 y' 具有不确定性,因此投影向量 X 和 Y 不对应于删减变量中的任何特定值。此外,不确定性向量 ε 不仅包含随机贡献,同时可能包含系统性特征(Krasnopolsky et al. ,2011)。

映射式 (4.16) 表征的是一个随机参数化过程,其本质上包含不确定性 ε,而参数化过程则由训练集 (X, Y) 隐式定义。在这种情况下,不确定性 ε 并不是噪音;它是随机参数化的固有信息部分,包含了与 GCM 次网格影响相关的重要统计信息。

神经网络参数模型及其不确定性估计

在利用模拟数据构建开发对流参数化神经网络模型的数据集时,由于无法为 CRM 模拟提供更长时间的观测信息作为强迫场,模拟数据集的样本数仍然受到限制。可采用 TOGA-COARE 作为外强迫,在 256 km×256 km 区域内运行 CRM,分辨率为 1 km,垂直分为 96 层 (0~28 km),积分时长为 120 d。随后,对模式预报结果进行逐小时平均,生成有效分辨率为 256 km 的模拟数据集。最后,仅选择了 GCM(CAM)中的可用变量或可以从 GCM 变量计算得到的变量作为最终数据集。

最终数据集由 2800 条记录(时间分辨率为每小时)组成,可分为两部分:一个训练集,包含 2240 条记录或 80% 的数据;一个测试集,包含 560 条记录或 20% 的数据。也就是说,前 2240 条记录包含在训练集中,最后 560 条记录包含在测试集中。

上述两个数据集已主要用于神经网络模型的训练和测试或验证。如上节所示,这些数据隐式表示了本质上包含不确定性 ε 的随机参数化。在第 2.3.7 节中讨论过,当数据含有显著的噪声或不确定性时,需要制定训练标准(式(2.11c))。因此,在随机参数化的情况下,神经网络模型构建的目的与前节中介绍的近似模拟 GCM 中原始确定性参数化的任务是不同的。模拟数据仅表示确定性参数化过程,其中不包含幅度明显高于舍入误差的噪声。

在训练神经网络模型、分析和解释近似误差统计以及选择神经网络体系结构时,应慎重考虑这一差异。在这种情况下,满足条件式(2.11c)的所有神经网络都是随机参数化式(4.16)的有效近似。实际上,每个神经网络都视为近似模拟了映射族中的一个成员,而这些映射族共同表示了随机参数化过程式(4.16)。因此,满足式(2.11c)的所有神经网络或神经网络集合才能反映随机参数化过程式(4.16)。因此,估算不确定性程度 ε 是构建上述神经网络模型过程中非常重要的一环,该参数的估算方法将在下面各小节中给出。

神经网络参数结构及其训练

选择神经网络体系结构需要考虑两个方面:(i)选择输入量、输出量及其维数,即式(2.2)中的 n 和 m。正如前文分析指出,这些量由 GCM 中变量的可用性决定。(ii)选择神经网络的隐藏神经元数,即式(2.2)中的 k。这个参数则与许多因素相关,包括训练集的长度、数据中的噪声水平、训练转换的特性和测试错误等。

Krasnopolsky 等(2011)对不同的神经网络架构(输入和输出的组合)进行了测试,最终选择的体系结构显示在表 4.5 中。表 4.5 中的值表示相关廓线有多少垂直层数作为输入量包含在神经网络中。许多廓线由于偏差非常小,在整个数据集中表现为 0 值或常量,此类廓线信息则不应包含在神经网络的输入或输出中。如果从物理角度看这些变量确实很重要,则应对它们进行标准化或适当加权(参阅 2.3.6 节)。

表 4.5　用于模拟对流参数化过程的神经网络体系结构

神经网络结构 in∶out	神经网络输入量			神经网络输出量		
	T	QV	$Q1C$	$Q2$	$PREC$	CLD
36∶55	18	18	18	18	1	18

注:T 是大气温度;QV 是大气湿度,即水汽混合比;$Q1C$ 为"视热源",$Q2$ 为"视水汽汇",$PREC$ 为降水率;CLD 为云量。表中的数字显示相应输入和输出参数的维数。in∶out 代表 NN 输入和输出维数对比。

分别设置隐藏神经元(Hidden neurons∶HID)为 1 到 20,对相应结构的神经网络进行训练和测试。实验结果如图 4.17 所示,其中展示的是输出参数 $Q1C$ 的近似误差。

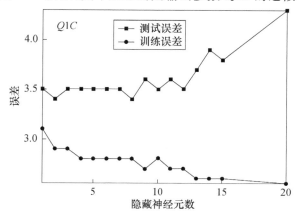

图 4.17　$Q1C$ 的神经网络近似误差(■—代表训练误差,●—代表测试误差)

　　神经网络训练的目的在于使得近似误差和不确定性或噪声的总和最小化,即($\varepsilon + \varepsilon_{app}$)最小(参见 2.3.7 节)。由于各部分的统计属性差异很大,因此可以基于训练和测试集的统计信息进行大致的分离和估计。图 4.17 就展示了使用具有显著噪声水平的数据训练神经网络时观察到的一般情况。训练误差在隐藏神经元增加的初始阶段出现急剧下降,随后变化趋向缓慢;而测试误差则初始下降后,在有限范围稳定维持后出现增长。这是由于随着神经网络结构的灵活性增加,初期对模拟数据能力方面进行改进后,模型能够达到一个较短的稳定性间隔(即 HID 3-7),此时神经网络近似能够逼近训练集信息,同时过滤掉噪声,也就是说训练误差不断减少,但测试误差几乎是不变。然而随着神经网络结构灵活性继续增加,它将开始逼近噪声,即出现过拟合情况,表现为训练误差不断缓慢减少但测试误差会增大。

表 4.6　不同 HID 数条件下拟合参数(神经网络权重)的量值(参见方程(2.2))

HID	1	2	5	10	15	20
N_C	166	273	594	1,129	1,667	2,199

　　表 4.6 给出了具有不同 HID 的神经网络需要拟合的参数数量(即 NN 权重),也是绘制图 4.17 的基础数据。所用训练集中包含 2,240 条记录,当 HID>10 时出现了明显的过拟合。因此,对于使用的特定模拟数据集,HID=5 是模拟 NN 中隐藏神经元数的一个很好的近似值。从 4.17 图中可以看出,这个量值位于测试误差的稳定间隔内,也就是说此时神经网络能够描述映射(式(4.16))但不逼近数据中的噪声。

　　与测试误差相比,所有输出参数的训练误差对 NN 体系结构选择的敏感性不那么显著(参见图 4.17)。因此,训练误差可以视为对数据集中噪声的粗略估计,即反映随机参数化式(4.16)中的固有不确定性。根据这一结论,测试集误差可视为不确定性(训练误差提供的估计值)和近似误差的组合。如对于 Q1C,训练误差为 2.8 K/d,测试误差为 3.5 K/d。假设不确定性和近似误差是独立的,则有:

$$[(\varepsilon + \varepsilon_{app})^2] = [\varepsilon^2] + [\varepsilon_{app}^2]$$

　　对于 3.5 K/d 的测试误差来说,只有 2.1 K/d 是由于神经网络近似误差造成的;而 2.8 K/d 的误差则来源于随机映射式(4.16)中不确定性(ε)。因此,在分离不确定性(训练错误)之后,在大多数情况下测试集上的神经网络近似误差不会超过不确定性。

　　采用不同的神经网络权重初始化方法,训练了一个由 10 个相同体系结构组成的神经网络集合。这些 NN 的系数(权重)的初始化采用的是 Nguyen 和 Widrow(1990)的方法(见 2.3.7 节),训练前加入不同的小量值随机数组。由于训练过程收敛到不同的局部最小值,集合中所有神经网络也具有了不同的权重。对于这些神经网络,训练和测试集上的误差是相似的,因此所有经过训练的神经网络都可视为参数化的有效近似(式(4.16))。基于这些神经网络的集合能够称为随机参数化式(4.16)的有效近似模型。

　　图 4.18 给出由神经网络集合模型计算得到云量(CLD)廓线时间序列分布(图 4.18b)及其模拟观测时序(图 4.18a),并由此说明经过训练的神经网络集合模型在独立测试集上的模拟性能。可以看出神经网络集合模型的计算结果分布较为平滑,虽然没有完全反映"模拟观测"中相对剧烈的变化过程,但是仍然可以比较好地识别变化的趋势。可见神经网络集合模型结果能够很好地反映模式序列特征,且没有引起显著的偏差。

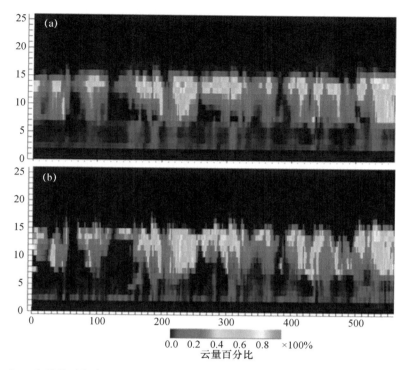

图 4.18　CLD 廓线的时间序列分布图(a."模拟观测"分布;b. 神经网络集合模型结果)(见彩图)

CAM 中对流参数化神经网络的验证

在本节中,随机参数化的神经网络模型将在 CAM 中进行验证,即在 CAM 中引入上节构建的基于 10 个神经网络的集合模型。为了便于比较,此 NN 体系结构的所有输入和输出变量(表 4.5)都直接在 CAM 中提供。本节验证的目标是,测试包含随机对流参数化式(4.16)的神经网络集合模型,是否能够基于 CAM 的输入量给出有意义和逼近实际的输出。本节将通过以下两个实验进行验证:

1. 针对 TOGA-COARE 实验所在位置($-2°$S,$155°$E)以及所覆盖时间范围进行模拟验证,开发对流神经网络模型的主要参考数据为 1992 年 11 月至 1993 年 2 月 TOGA-COARE 冬季实验数据。上述 TOGA-COARE 实验位置实际上位于赤道太平洋的一个小区域,具体可参见图 4.21 的中间星号标注的位置。

2. 针对大范围热带太平洋区域($150°$E<经度<$90°$W,$15°$S<纬度<$15°$N)1990—2001 年时间范围(去除 1992 年至 1993 年 TOGA-COARE 冬季实验过程)进行模拟验证。这对于神经网络模型的整体性能是个极大的挑战。

同时基于标准 CAM 以及采用对流参数化神经网络集合模式(CAM-NN)进行的 10 a(1990—2001 年)冬季气候模拟实验。下面将对上述实验的年代际 CAM-NN 和 CAM 模拟结果进行比较,并与 NCEP 再分析数据结果进行验证(详细内容请参阅 Krasnopolsky et al. ,2011)。

首先来分析 TOGA-COARE 位置上年代际模拟结果。从图 4.19 可以看出,采用神经网络模型的 CAM(CAM-NN)与原始 CAM 在 TOGA-COARE 位置上模拟的年代际平均 CLD 廓线分布非常类似(Krasnopolsky et al. ,2011)。与此同时,图 4.20 中显示,CAM 模拟得到的年代际平均总 CLD 量值较高(均值为 0.78),而 CAM-NN 模拟结果的均值仅为 0.61。而 NCEP 再分析结果年代际平均总 CLD 的均值为 0.54(Saha et al.,2010),明显更接近 CAM-NN 的结果。

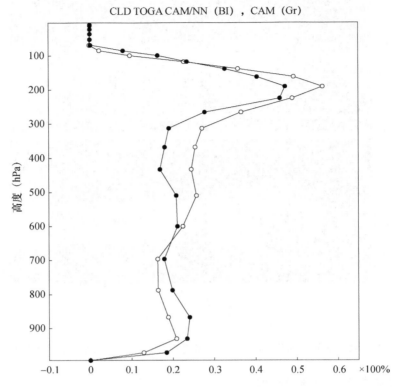

图 4.19　TOGA-COARE 位置上年代际冬季平均 CLD(百分比)的垂直廓线分布(黑色表示 CAM-NN 实验结果;绿色表示 CAM 控制实验结果)

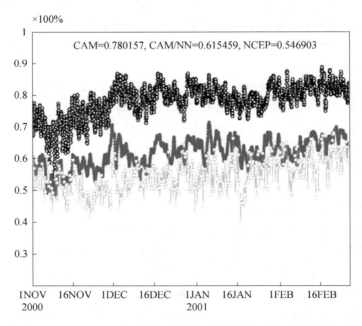

图 4.20　10 a 冬季 TOGA-COARE 实验点年代际冬季平均总云量(百分比)的时间序列(其中黑色代表 CAM 实验结果、绿色代表 CAM-NN 实验结果,黄色代表 NCEP 再分析结果)

比较分析 CAM-NN、CAM 控制实验以及 NCEP 再分析得到的热带太平洋大区域的总降水量水平分布表明(图 4.21),CAM-NN 和 CAM 控制实验得到年代际区域降水分布在形态和量值方面与 NCEP 再分析结果具有一致性和相似性。在细节分布上,相比 CAM 控制实验与 NCEP 再分析结果,CAM-NN 实验中降水量的量值在赤道附近及其东南部区域被高估了;而在该赤道附近的北部和西南部,与 CAM-NN 实验和 NCEP 再分析结果相比,CAM 控制实验的降水量在量值上被低估(图 4.21)。

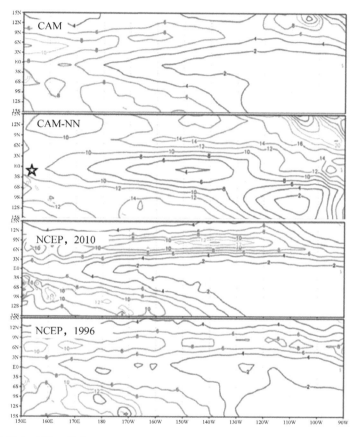

图 4.21 热带太平洋区域内 CAM、CAM-NN 实验以及 NCEP 再分析数据计算得到的年代际冬季平均降水量分布。底行图给出的是 Kalnay 等(1996)给出的 NCEP 再分析计算结果(TOGA-COARE 实验点位置在第二行中以星号标识,图中等值线间隔为 2 mm/d)

研究表明,基于 NCEP 再分析(Kalnay et al.,1996)得到的赤道附近和及其东南部区域降水量的量值明显高于 CFSRR 再分析结果(Saha et al.,2010),且更接近于 CAM-NN 实验结果。在随机对流参数化神经网络开发的初始阶段,可以根据 CAM、CAM-NN 与 NCEP 再分析结果的比对两者的基本一致性特征进行合理性分析。随后可利用 CAM 作为 CRM 模拟的驱动场,对所有季节区域和全球模拟结果进行详细的气候特征分析。此时,则可以为神经网络训练模拟得到一个具有代表性的全球数据集,并用来支撑基于 CAM 的全球随机对流参数化神经网络模型开发。

上述研究说明 CAM 和 CAM-NN 实验对于云和降水模拟存在不确定性,同时突出了基于气候模式模拟结果进行分析和验证的复杂性,以及热带地区用于验证的数据/信息的局限性。

从 CAM-NN 模拟的年代际结果分析来看,神经网络方法能够有效且合理地应用于气候模式的对流参数化方案改进中,但是未来气候模式中实现对流参数化神经网络模型的应用还需要进一步研究和实验。

4.4 混合模型方法在海洋模式中的应用:风浪模式中非线性相互作用的神经网络模拟

WAVEWATCH Ⅲ(Tolman,2002)是当前 NCEP 使用的主要风浪模型之一,也是一个典型的复杂环境数值模式(environmental numerical model:ENM),该模式在动力框架上表现为针对二维谱函数 F 的谱能量或动量平衡方程式(4.2),其中非线性相互作用项 S_{nl} 是模式物理过程的一部分。在其基本物理框架式(4.2)的非线性波-波相互作用项(S_{nl})中引入神经网络模型后,就组成了混合环境模式(hybrid environmental model:HEM)。以完整形式计算 S_{nl} 的相互作用需要对六维玻尔兹曼积分式再进行积分,可视为如下映射关系(Hasselmann et al.,1985):

$$S_{nl}(\vec{k_4}) = T \cdot F(\vec{k})$$
$$= \omega_4 \int G(\vec{k_1}, \vec{k_2}, \vec{k_3}, \vec{k_4}) \cdot \delta(\vec{k_1} + \vec{k_2} - \vec{k_3} - \vec{k_4}) \cdot \delta(\omega_1 + \omega_2 - \omega_3 - \omega_4) \times$$
$$[n_1 \cdot n_3 \cdot (n_4 - n_2) + n_2 \cdot n_4 \cdot (n_3 - n_1)] d\vec{k_1} \vec{k_2} \vec{k_3}$$
$$n(\vec{k}) = F(\vec{k})/\omega \qquad \omega^2 = g \cdot k \cdot tanh(kh) \qquad (4.17)$$

其中以符号 T 表示映射关系,G 为包含了可移动奇点的复杂耦合系数(Tolman et al.,2005)。上式积分所需的计算量大约比风浪模式其他所有部分的计算量总和大 $10^3 \sim 10^4$ 倍。目前在实际应用过程中,会对 S_{nl} 的计算工作量进行估计,并将其控制在与模式其余部分相同的量级上。Hasselmann 等(1985)利用对相互作用进行离散近似(Discrete Interaction Approximation:DIA)实现了对 S_{nl} 计算量的控制。然而 20 a 以来的应用经验表明,DIA 在风浪模式的应用中仍然存在较大偏差(Tolman et al,2005),迫切需要开发能够快速且准确计算 S_{nl} 近似值的新一代波风浪模式。为此,Krasnopolsky 等(2002)和 Tolman 等(2005)开始探索神经网络交互近似(neural network interaction approximation:NNIA)模型的构建。

4.4.1 针对 S_{nl} 的神经网络模拟

由于式(4.17)中非线性交互项本质上可视为有符号 T 表示的非线性映射,表征向量 F 和 S(均为二维变量)之间的关系,因此可以应用神经网络来模拟 S_{nl}。通过 S 和 F 的离散化可将式(4.17)简化为描述连续映射的两个有限维矢量。目前高分辨率风浪模式在二维网格上进行离散,并生成维数 $N \sim 1000$ 的 S 和 F 矢量。构建具有如此高维度(包含 1000 个输入和输出)的神经网络模型似乎并不现实。

为了对神经网络模型进行降维,并将映射式(4.17)转化为两个有限矢量之间的连续映射,本节中引入了两组二维函数 Φ_i 和 Ψ_q。每组函数都可构建一个完整的正交二维基,此时,谱函数 F 和源函数 S_{nl} 均可近似表示为这些基函数的展开式,形式为:

$$F \approx \sum_{t=1}^{n} x_i \Phi_i, \quad S_{nl} \approx \sum_{q=1}^{m} y_q \Psi_q \qquad (4.18)$$

其中,系数 x_i 和 y_q 可表示为:

$$x_i = \iint F \Phi_i \ , \ y_q = \iint S_{nl} \ \Psi_q \tag{4.19}$$

上式中双积分号表示在谱空间的积分。此时,构建神经网络模型就是建立系数向量 $\boldsymbol{X}$ 和 $\boldsymbol{Y}$ 的关系:$\boldsymbol{Y}=T_{NN}(\boldsymbol{X})$。通常情况下,方程(4.18)中有 $n=20\sim50,m=100\sim150$,可见,神经网络模型的降维效果非常明显。

要训练神经网络模型 T_{NN} 必须构建一个训练集,该训练集由成对的向量 $\boldsymbol{X}$ 和 $\boldsymbol{Y}$ 组成。要生成这样的训练集,必须生成一组具有代表性的谱函数 F,并且使用式(4.17)精确计算相应的相互作用项 $\boldsymbol{S_{nl}}$。对于每一对组合$(\boldsymbol{F},\boldsymbol{S_{nl}})_p$,其中 $p=1,\cdots,P$,且 P 为谱分量数,相应矢量$(\boldsymbol{X},\boldsymbol{Y})_p$由式(4.19)决定。此时,计算得到的矢量能够用于训练神经网络模型 T_{NN}。对 T_{NN} 进行训练过后,生成 NNIA 算法需要三个步骤:(1)通过式(4.19)对输入谱函数 F 进行分解并用于计算得到 $\boldsymbol{X}$;(2)利用 T_{NN} 基于 $\boldsymbol{X}$ 估算 $\boldsymbol{Y}$;(3)使用式(4.18)基于 $\boldsymbol{Y}$ 计算得到输出源函数 $\boldsymbol{S_{nl}}$。图4.22 给出了 NNIA 算法的示意图。其中基函数的构建采用了两种方法。第一种(NNIA)采用的是从数学角度分析得到的基函数(Krasnopolsky et al.,2002)。和通常情况下对风浪模式的参数化谱描述采用的方法一样,在频率和角度依赖性可分离的条件下,选择可分离的基函数。这种基函数的优点是生成简单,缺点是分解过程收敛缓慢。作为替代方案,引入了基函数选择的第二种方法。在这种方法中,主要采用的是经验正交函数(empirical orthogonal functions:EOFs)法或主成分法(Lorenz,1956;Jolliffe,2002;Tolman et al.,2005)。

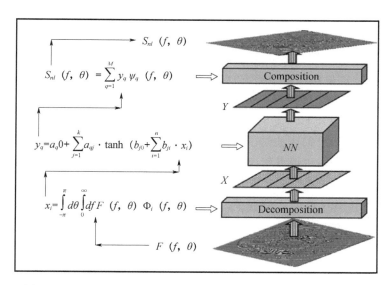

图 4.22　NNIA 和 NNIAE 算法示意图(Krasnopolsky et al.,2002)

表 4.7　基于 DIA、NNIA、NNIAE 及原始 S_{nl} 计算结果的近似均方根误差(RMSEs,无量纲单位)及其性能分析(单位参见文中)

算法	RMSE	计算性能
DIA	0.312	1
NNIA	0.088	4
NNIAE	0.035	7
原始参数化方案	0.	$\sim 8. \times 10^5$

EOFs 是由统计经验基函数构成。在本节所示应用实例中,基函数 Φ_i 和 Ψ_q 是两个变量 f 和 θ 的函数。用于进行神经网络模型训练的谱函数 F 和源函数 S_{nl} 数据集同样可用来分解 F 和 S_{nl} 并生成 EOFs。使用 EOF 时,生成基函数的过程在计算上非常耗时,而且工作量会随着模式分辨率提高而不断增加。但是,对于神经网络模型训练,基函数生成过程只需执行一次,其结果存储后可以在最终的 NNIA 算法中使用,而无需重新计算。EOFs 的主要优点就是分解过程能实现快速收敛。

为了区分使用不同基函数进行分解的神经网络算法,将使用 EOF 基函数的算法简写为 NNIAE。表 4.7 将 DIA 以及两个神经网络模型 NNIA 和 NNIAE 与基于原始参数化的 S_{nl} 精确计算结果进行比较,分析了三种算法的精度和计算性能,其中近似误差(RMSE)是按无量纲单位进行计算的,计算性能则以相对于 DIA 计算时间的倍数进行衡量。基于表中数据分析可知,NNIAE 的准确性是 DIA 的近 10 倍,同时也比原始参数化快 10^5 倍。与大气辐射过程应用一样,仍然需要对原始 ENM(具有精确波-波相互作用的模式)以及包含神经网络模型的 HEM 进行同步运行比较,以实现对神经网络模型效果的最终测试(Tolman et al.,2005)。

4.4.2 在模式和 S_{nl} 复合参数化方案中对 NNIAE 的验证

对于非线性相互作用的任何近似过程,最关键的测试是模式在高强迫条件(如大风)下通过近似方案产生波增长的能力。在这种情况下,非线性相互作用在谱空间和时间上的大尺度特征对于产生波浪更高、更强的同步增长至关重要,而小尺度特征则主要决定(局部)谱形状的稳定性。因此,本节主要在空间均匀条件下对 NNIAE 的风浪增长的简单情况进行了训练和应用。训练过程中使用了由大约 5000 对谱函数输入量和原始非线性相互作用项输出量组成的有限训练集。此训练集是在整个输入空间(所有可能的谱空间)上采样后形成的有限子域。

相互作用神经网络近似模型(NNIAE)是由 Tolman 等(2005)基于上述有限数据集开发的。但是,如果在全波浪模型中应用此近似模型,NNIAE 中的误差会出现累积,同时用于 NNIAE 开发的训练集很难描述波谱函数的完整特征,难以实现模式各作用项之间的平衡,从而导致不存在波动增长,同时谱形状也不像正确的解(图 4.23a)。图 4.23(b—e)显示了 CP 在 WAVEWATCH Ⅲ 海洋风浪模式中的积分结果。图 4.23f 则显示了具有非线性相互作用的完整精确(原始)参数化过程的模式结果,其中非线性相互作用项由六维玻尔兹曼积分(式(4.17))组成。等值线表示谱空间极坐标中的波动能量,并在对数坐标下按对数间距的 2 倍设置等值线间隔。重力波谱函数的一致性和轴对称形状主要是由风场(即海表面风场)强迫产生的。

针对 WAVEWATCH Ⅲ 海洋风浪模式的非线性波-波相互作用进行了复合参数化(CP)实验(图 4.24)。该实验采用的是反向神经网络(iNN)域检查方法(参见 3.4 节)。通过比较图 4.23 中每幅图右上角的波高量值可以看出,当 CP 使用相同的数据集进行运行时,能够准确反映波动增长的基础上,保证其积分过程的稳定性(Tolman and Krasnopolsky,2004)。随着 CP 中 QC 允许的误差值逐渐减小,即采用限制性更强的 QC 后,模式精度得到明显提高(图 4.23c、d 和 e)。

从计算效率和准确性的角度最有效地描述非线性波-波相互作用,则可能需要比当前方法更复杂的 CP。使用 EOF 对初始数据的谱函数进行分解时会引入截断误差,这种截断往往会过滤去小尺度的波动,而在经典定义中这些小尺度波动在许多过程中常常被认为是噪声。然而,对于波动增长过程,这些尺度的扰动在模式积分期间对于稳定波谱的形状能够起到关键作用,因此使用神经网络方法能否有效处理小尺度波动方面还需要深入分析。由图 4.23 可以看出,一个简单的 CP 是可以规避此类问题的。此外,非线性相互作用中的小尺度过程可通过对局部扩散过程进行建模而显式表达,而且相比于直接计算非线性相互作用时对整个谱空间进行的六维积分,局地扩散模型能够在量级上减少计算工作量。因此,对于非线性波-波相互作用,可以构建一种更复杂的 CP 方法,即基于神经网络方法来描述大尺度谱函数,同时构建局部扩散模型来描述较小尺度过程,并结合显式质量控制模块来增强模型的稳定性。

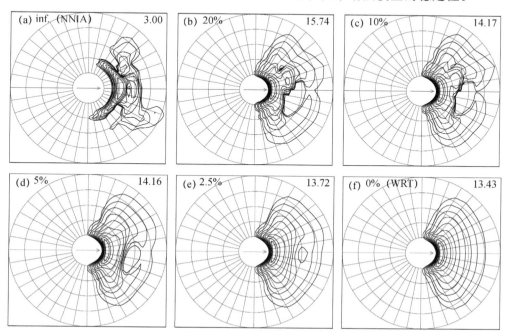

图 4.23　WAVEWATCH Ⅲ 模式中 24 h 波浪增长后的波动能量谱。其中(a). 基于 NNIAE 对非线性相互作用的近似结果;(b—e)表示 CP 系统中,通过越来越严格的质量控制后获得的结果;(f)则是具有完全原始非线性相互作用参数化过程 WRT 的计算结果。相应的波高(单位:m)显示在图的右上角;图的左上角显示了质量控制模块中允许出现的误差比例阈值;波动频率沿径向方向增加。(引自 Krasnopolsky et al.,2008a)

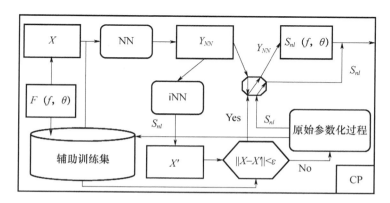

图 4.24　NNIAE 算法的复合参数化设计。由于使用了 EOF 分解和组合过程,针对合成系数 X 和 X° 设计了神经网络(iNN)和质量控制(QC)模块。当 QC 需要采用原始参数化方案时,则对辅助训练集进行逐时更新,并将其应用于神经网络模型的后续动力调整(Krasnopolsky et al.,2008a)

4.5 讨论

4.5.1 混合模型方法小结及其优点

本章介绍了环境数值建模中的一种新的混合模型方法。在这类模型框架内,引入了一种基于确定性建模和统计学习协同组合的新型 ENM(HEM)方法。该方法使用神经网络模型来开发新的快速模型以及对现有模式物理过程进行高精度和快速仿真。结果表明:

(1)利用准确快速的神经网络模型开发 HEM 在理论上和实际应用中都是可行的,而且能够保留原始 ENM 中的整体功能和所有细节特征。

(2)由于神经网络技术能够精确模拟复杂系统(映射)特征,现有模式物理参数化过程的神经网络仿真(Krasnopolsky et al.,2002,2005a,2008b,2010,2012)在功能上与原始物理参数化过程具有一致性,即能够同时保留模式物理参数化过程的完整功能以及各层级上的函数复杂度。因此,HGCM 使用这些神经网络仿真结果可以生成与原始 GCM 几乎相同的气候模拟和天气预报结果。此外,开发的神经网络仿真与原始参数化具有相同的输入和输出,并在模式中根据其功能进行了精确替代。

(3)神经网络模拟具有功能可靠且计算速度非常快的优点,其计算速度能够比原始参数化过程提高 $10 \sim 10^5$ 倍,因此可以在不影响精度的情况下,实现 HEM 计算的显著加速。

(4)新的快速神经网络模块(参数化模型)可以基于观测数据或高分辨率模式模拟数据中进行开发(Krasnopolsky et al.,2011)。

(5)统计(神经网络)模型可以与 HEM 中的确定性模型进行结合使用,其协同作用能够有效应用于环境和气候建模,且不会对模拟效果产生负面影响。

(6)这种有效的协同作用或确定性和神经网络仿真的组合方法,为 HEM 在环境和气候模拟或预报的应用带来新的契机。如在原始参数化方案中使用新的更复杂的参数化或"超级参数化"模型(如 CRM)是非常耗时的,其计算量令人望而却步。但在 HEMs 中采用针对原始参数化过程的准确快速神经网络仿真模型,则 ENMs 的计算量将具有可实施性。

(7)可以使用 NN 组合来表示或模拟模型物理场的随机分量,可以充分表示模型物理中某些组件的随机性质。

4.5.2 当前混合建模框架的局限性及其可能解决方案

神经网络模拟和参数化(混合建模方法核心)的发展在很大程度上取决于构建代表性训练集的能力,即如何避免在远远超出训练集所涵盖的值域上使用神经网络模型(参见第 2.3.3 节)。由于输入域的维度常常达到数百或更多,因此即使使用模拟数据进行神经网络训练,也很难覆盖整个域,尤其是与罕见事件相关的"远角"数据。此外,针对时变非静态环境或气候系统开发神经网络仿真模型时,会存在另外一个问题,即当面向未来气候变化的应用场景时,气候模拟的值域配置可能会发生变化。在上述两种情况下,神经网络模型可能被迫超出其泛化能力,产生输出误差,并导致相应 HEM 中的模拟误差。

针对上述问题,目前正在发展两项新方法:复合参数化(compound parameterization:CP)方法和神经网络动力调整(dynamical adjustment:DA)方法(Krasnopolsky and Fox-Rabino-vitz,2006a,2006b)。CP 方法在 4.2.2、4.3.5 和 4.4.2 节中进行了详细介绍,DA 方法基本思

想如下：在使用 CP 进行常规 HEM 模拟过程中，通过 QC 模块确定（在每个积分时间步数和基于某些条件的每个网格点）是使用神经网络模型还是使用原始参数化方案来计算物理参数（或参数化过程输出量）。当使用原始参数化方案时，其输入和输出将被保存并用于进一步调整神经网络仿真模型。当这类记录累积到足够数量后，可以使用累积的输入或输出记录对神经网络进行再训练，从而得到执行神经网络仿真模型的 DA。因此，升级后的神经网络仿真模型将动态调整为复杂环境或气候系统产生的变化和（或）新事件（状态）上。此外，DA 也可用来解决极端或罕见事件的问题。实际上，在模式运行期间实时（或联机）生成每个新训练记录后都可以执行 DA。这种在线 DA 可以通过第 2.3.7 节中描述的顺序或在线神经网络训练方法来实现。

参考文献

Chevallier F, 2005. Comments on new approach to calculation of atmospheric model physics: accurate and fast neural network emulation of longwave radiation in a climate model. Mon Wea Rev, 133: 3721-3723.

Chevallier F, Chéruy F, Scott N A, et al, 1998. A neural network approach for a fast and accurate computation of longwave radiative budget. J Appl Meteor, 37: 1385-1397.

Chevallier F, Morcrette J J, Chéruy F, et al, 2000. Use of a neural-network-based longwave radiative transfer scheme in the EMCWF atmospheric model. Quart J Roy Meteoro Soc, 126: 761-776.

Chou M D, Suarez M J, Liang X Z, et al, 2001. A thermal infrared radiation parameterization for atmospheric studies // Suarez MJ. Tech report series on global modeling and data assimilation, vol 19, NASA/TM-2001-104606. National Aeronautics and Space Administration, Goddard Space Flight Center, Greenbelt.

Claussen M, 2001. Earth system models // Ehlers E, Kraft T. Understanding the Earth system: Compartments, processes and interactions. Heidelberg/Berlin/New York: Springer. J Climate, 1998. No 6(the special issue). http://journals. ametsoc. org/toc/clim/11/6.

Clough S A, Shephard M W, Mlawer E J, et al, 2005. Atmospheric radiative transfer modeling: A summary of the AER codes. J Quant Spectrosc Radiat, 91: 233-244. doi: 10. 1016/j. jqsrt. 2004. 05. 058.

Collins W D, 2001. Parameterization of generalized cloud overlap for radiative calculations in general circulation models. J Atmos Sci, 58: 3224-3242.

Collins W D, Hackney J K, Edwards D P, 2002. A new parameterization for infrared emission and absorption by water vapor in the National Center for Atmospheric Research Community Atmosphere Model. J Geophys Res, 107: 1-20.

Côté J, Desmarais J-G, Gravel S, et al, 1998a. The operational CMC-MRB global environmental multiscale (GEM)model Part Ⅱ: Mesoscale results. Mon Weather Rev, 126: 1397-1418.

Côté J, Gravel S, Méthot A, et al, 1998b. The operational CMC-MRB global environmental multiscale(GEM) model Part I: Design considerations and formulation. Mon Weather Rev, 126: 1373-1395.

Cox P M, Betts R A, Jones C D, et al, 2000. Will carbon cycle feedbacks amplify global warming in the 21st century. Nature, 408: 184-187.

Foley J A, Levis S, Prentice I C, et al, 1998. Coupling dynamic models of climate and vegetation. Glob Change Biol, 4: 561-580.

Grabowski W W, 2001. Coupling cloud processes with the large-scale dynamics using the Cloud-Resolving Convection Parameterization(CRCP). J Atmos Sci, 58: 978-997.

Grassl H, 2000. Status and improvements of coupled general circulation models. Science, 288: 1991-1997.

Hasselmann S, Hasselmann K, 1985. Computations and parameterizations of the nonlinear energy transfer in a gravity wave spectrum Part I: A new method for efficient computations of the exact nonlinear transfer integral. J Phys Oceanogr, 15:1369-1377.

Hasselmann S et al, 1985. Computations and parameterizations of the nonlinear energy transfer in a gravity wave spectrum Part II: Parameterization of the nonlinear transfer for application in wave models. J Phys Oceanogr, 15:1378-1391.

Iacono M J, Mlawer E J, Clough SA, et al, 2000. Impact of an improved longwave radiation model, RRTM, on the energy budget and thermodynamic properties of the NCAR community climate model, CCM3. J Geophys Res, 105(D11):14873-14890.

Jolliffe I T, 2002. Principal component analysis. New York: Springer.

Kalnay E, et al, 1996. The NCEP/NCAR 40-year reanalysis project. Bull Ame Meteoro Soc, 77:437-471.

Khairoutdinov M F, Randall D A, 2001. A cloud resolving model as a cloud parameterization in the NCAR Community Climate System Model: Preliminary results. Geophys Res Lett, 28:3617-3620.

Khairoutdinov M F, Randall D A, DeMotte C, 2005. Simulations of the atmospheric general circulation using a cloud-resolving model as a super-parameterization of physical processes. J Atmos Sci, 60:607-625.

Kistler R, et al, 2001. The NCEP-NCAR 50-year reanalysis. Bull Ame Meteor Soc, 82:247-268.

Krasnopolsky V, 1996. A neural network forward model for direct assimilation of SSM/I brightness temperatures into atmospheric models // Working group on numerical experimentation blue book. 1. 29-1. 30, Camp Spring, MD. http://polar. ncep. noaa. gov/mmab/papers/tn134/OMB134. pdf.

Krasnopolsky V, 1997. A neural network based forward model for direct assimilation of SSM/I brightness temperatures. Tech note, OMB contribution No 140, NCEP/NOAA Camp Spring, M D. http://polar. ncep. noaa. gov/mmab/papers/tn140/OMB140. pdf.

Krasnopolsky V M, Fox-Rabinovitz M S, 2006a. Complex hybrid models combining deterministic and machine learning components for numerical climate modeling and weather prediction. Neural Netw, 19:122-134.

Krasnopolsky V M, Fox-Rabinovitz M S, 2006b. A new synergetic paradigm in environmental numerical modeling: hybrid models combining deterministic and machine learning components. Ecol Model, 191:5-18.

Krasnopolsky V M, Chalikov D V, Tolman H L, 2002. A neural network technique to improve computational efficiency of numerical oceanic models. Ocean Model, 4:363-383.

Krasnopolsky V M, Fox-Rabinovitz M S, et al, 2005a. New approach to calculation of atmospheric model physics: Accurate and fast neural network emulation of long wave radiation in a climate model. Mon Wea Rev, 133:1370-1383.

Krasnopolsky V M, Fox-Rabinovitz M S, et al, 2005b. Reply. Mon Weather Rev, 133:3724-3729.

Krasnopolsky V M, Fox-Rabinovitz M S, Tolman H L, et al, 2008a. Neural network approach for robust and fast calculation of physical processes in numerical environmental models: Compound parameterization with a quality control of larger errors. Neural Netw, 21:535-543.

Krasnopolsky V M, Fox-Rabinovitz M S, Belochitski A, 2008b. Decadal climate simulations using accurate and fast neural network emulation of full, long-and short wave, radiation. Mon Wea Rev, 136:3683-3695. doi: 10. 1175/2008MWR2385. 1.

Krasnopolsky V M, Fox-Rabinovitz M S, Hou Y T, et al. , 2010. Accurate and fast neural network emulations of model radiation for the NCEP coupled climate forecast system: climate simulations and seasonal predictions. Mon Wea Rev, 138:1822-1842. doi:10. 1175 /2009MWR3149. 1.

Krasnopolsky V, Fox-Rabinovitz M, Belochitski A, et al. , 2011. Development of neural network convection parameterizations for climate and NWP models using Cloud Resolving Model simulations. NCEP office note 469 Camp Spring, MD. http://www. emc. ncep. noaa. gov/officenotes/newernotes/on469. pdf.

Krasnopolsky V, Belochitski A, Hou Y T, et al, 2012. Accurate and fast neural network emulations of long and short wave radiation for the NCEP global forecast system model. NCEP office note 471. http://

www. emc. ncep. noaa. gov/officenotes/newernotes/on471. pdf.

Krasnopolsky V M, Fox-Rabinovitz M S, Belochitski A A, 2013. Using ensemble of neural networks to learn stochastic convection parameterizations for climate and numerical weather prediction models from data simulated by a cloud resolving model. Adv Artif Neural Syst, 13 pp. Article ID 485913, doi: 10. 1155/ 2013/485913.

Krishnamurti T N, et al, 2003. Improved skill for the anomaly correlation of geopotential heights at 500 hPa. Mon Wea Rev, 131: 1082-1102.

Krueger S K, 1988. Numerical simulation of tropical clouds and their interaction with the subcloud layer. J Atmos Sci, 45: 2221-2250.

Lacis A A, Oinas V, 1991. A description of the correlated k-distribution method for modeling nongray gaseous absorption, thermal emission and multiple scattering in vertically inhomogeneous atmospheres. J Geophys Res, 96: 9027-9063.

Li S, Hsieh W W, Wu A, 2005. Hybrid coupled modeling of the tropical Pacific using neural networks. J Geophys Res, doi: 10. 1029/2004JC002595.

Lorenz E N, 1956. Empirical orthogonal functions and statistical weather prediction. Science reports, No 1, Statistical Forecasting Project. M. I. T.

Cambridge M A, Manners J, Thelen J C, et al, 2009. Two fast radiative transfer methods to improve the temporal sampling of clouds in NWP and climate models. Quart J Roy Meteor Soc 135: 457-468. doi: 10. 1002/qj. 385.

Miura H, Tomita H, Casino T, et al. , 2005. A climate sensitivity test using a global cloud resolving model under an aqua planet condition. Geophys Res Lett. doi: 10. 1029/2005GL023672.

Mlawer E J, Taubman S J, Brown P D, et al, 1997. Radiative transfer for inhomogeneous atmospheres: RRTM, a validated correlated-k model for the longwave. J Geophys Res, 102(D14): 16663-16682.

Morcrette J J, Bechtold P, Beljaars A, et al, 2007. Recent advances in radiation transfer parameterizations. ECMWF Tech Memorandum No 539, October 18, 2007.

Morcrette J J, Mozdzynski G, Leutbecher M, 2008. A reduced radiation grid for the ECMWF Integrated Forecasting System. Mon Wea Rev, 136: 4760-4772. doi: 10. 1175/2008MWR2590. 1.

Nguyen D, Widrow B, 1990. Improving the learning speed of 2-layer neural networks by choosing initial values of the adaptive weights // Proceedings of the international joint conference of neural networks, vol 3. San Diego, CA, USA, 17-21 June, 21-26.

Peixioto J P, Oort A H, 1992. Physics of climate. New York: Springer.

Randall D, Khairoutdinov M, Arakawa A, et al, 2003. Breaking the cloud parameterization dead lock. Bull Ame Meteor Soc, 84: 1547-1564.

Rasch P J, Feichter J, Law K, et al, 2000. A comparison of scavenging and deposition processes in global models: Results from the WCRP Cambridge workshop of 1995. Tellus, 52: 1025-1056.

Saha S, et al, 2010. The NCEP climate forecast system reanalysis. Bull Ame Meteor Soc, 91: 1015-1057.

Satoh M, Tomita H, Miura H, et al, 2005. Development of a global cloud resolving model: A multi-scale structure of tropical convection. J Earth Simul 3: 11-19.

Schellnhuber H J, 1999. "Earth system" analysis and the second Copernican revolution. Nature, 402: C19-C28.

Tang Y, Hsieh W W, 2003. ENSO simulation and prediction in a hybrid coupled model with data assimilation. J Meteor Soc Japan 81: 1-19.

Tolman H L, 2002. User manual and system documentation of WAVEWATCHⅢ version 2. 22.

Tech note 222, NOAA/NWS/NCEP/MMAB Camp Spring, MD. http: // polar. ncep. noaa. gov/ mmab/papers/ tn222/MMAB 222. pdf.

Tolman H L,Krasnopolsky V M,2004. Nonlinear interactions in practical wind wave models // Proceedings of
    8th international workshop on wave hindcasting and forecasting, Turtle Bay, Hawaii, 2004, CD-
    ROM,E. 1.

Tolman H L,Krasnopolsky V M,Chalikov D V,2005. Neural network approximations for nonlinear interac-
    tions in wind wave spectra:direct mapping for wind seas in deep water. Ocean Model,8:253-278.

Washington W M,Williamson D L,1977. A description of NCAR GCM's in general circulation models of the
    atmospheres methods in computational physics. J Chang Ed,17:111-172.

第 5 章　神经网络集合及其应用

科学的目的是完整呈现物理世界的理性美。如果不能实现,那就只剩下统计信息了。

——Julius Robert Oppenheimer

大体上的正确总好过完全错误。

——John Maynard Keynes

摘要

本章介绍并讨论了各种神经网络集合及其应用,包括数据同化系统、非线性多模型集合、模式的扰动物理过程集合等。研究表明,大多数情况下,相比单神经网络,神经网络集合方法能够提供更有效的复杂非线性映射模拟。本章采用神经网络集合方法,介绍海洋数据同化系统中针对模式变量之间高度复杂的功能依赖性和映射关系构建的近似分析模型,从而实现了表面二维变量(如表面高程)的三维同化。此外,采用神经网络集合方法推导得到非线性多模型集合,可用于改进美国大陆(ConUS)的 24 h 降水预报结果。进一步考虑了将神经网络技术与神经网络集合技术相结合,形成随机或扰动模式物理过程和扰动物理过程集合的可能性。本章同样包含了详细的参考文献列表,为有兴趣进一步学习神经网络集合技术的读者提供帮助。

在本书 2.4.5 节中讨论了非线性统计模型(如神经网络)为特定问题提供多种解决方案的特定能力,同时也介绍了神经网络集合能够将非线性模型存在多个解的缺点转化为优势。大多情况下,神经网络集合能够比单神经网络更充分地描述映射(式(2.1))。如 2.4.6 节中就证明了神经网络集合方法能够更好地模拟随机映射。

在 4.3.6 节中,详细讨论了使用神经网络集合方法为 GCM 开发随机对流参数化的过程。因此,本章主要介绍并讨论神经网络集合方法在大气和海洋模式中的几种具体应用。在 5.1 节中,将神经网络方法应用于描述高度复杂的函数依赖关系以及模型变量之间的映射,并得到近似分析值。文中详细介绍了比较常用的几种神经网络技术的具体应用场景,包括在海平面高度(SSH)观测算子中应用神经网络模拟(Krasnopolsky et al.,2006;Krasnopolsky 2007a)以及针对 DAS 中的敏感性和误差分析的神经网络模型及其雅可比项的计算(基本理论参见 3.1.2 节)。由于上述应用场景均对神经网络模拟效果及其雅可比项计算精度有较高要求,因此详细讨论了引入神经网络集合方法后对神经网络模拟效果及其雅可比项计算精度的改进效果。

在 5.2 节中,介绍了采用神经网络集合方法开发非线性多模式集合(Multi Model Ensemble:MME)来改善美国大陆 24 h 降水预报的具体过程。这类非线性集合方法能够充分考虑集合成员间的非线性相关性,并通过非线性神经网络集合平均给出"最优"预报结果。5.3 节则讨论了神经网络模拟技术与神经网络集合方法相结合,构建随机模式物理过程或扰动模式物理过程模型的可能性,并讨论了基于神经网络的扰动物理过程的集合预报系统(Ensemble Prediction Systems:EPS)。

5.1 在 DAS 中使用描述模式变量依赖关系的神经网络模型

任何复杂地球系统数值模式(如气候模拟或数值天气预报)的输出量都包含了以预测和诊断大气和海洋状态变量形式存在的二维和三维高分辨率数值模拟数据。这些输出量隐式包含了模式状态变量之间高度复杂的物理关系和统计相关性,在数学上可以表示为函数依赖性和映射特征(式(2.1))。这些关系是由模式物理过程和动力方程所支配的,因此清楚地了解这些潜在的非线性依赖关系是一个兼具科学意义和应用价值的问题。比如说这些依赖关系对于DAS 中的变量同化非常重要(参见第 3.1.2 节)。此外,如果能够以分析形式得到这些功能和映射关系,也可用于对模式输出量的有效压缩、存档和传播,以及敏感性研究和误差分析。

当二维观测(如地表风、地表电流或海面高程)在大气或海洋 DAS 中被同化时,这些数据的作用往往在其所在垂直高度层上被局地化了,这是由于 DAS 中没有确定的机制能够将这些数据的作用传递到其他垂直高度层或其他变量。通常情况下,在模式积分期间,这种传递会根据模式物理和动力过程决定的依赖关系延迟一段时间后出现。随后,有研究者尝试通过简化的线性形式从模式模拟数据(Mellor and Ezer,1991)或观测数据(Guinehut et al.,2004)中提取这些依赖关系,并将其应用于海洋 DAS 中表面数据的三维同化中。但是这些从有限区域数据集中得到的通用线性简化依赖关系不能准确描述模式变量之间的复杂非线性关系(或映射)。因此,如果能够以形式简单同时具备非线性分析能力的模型提取或模拟这些映射并在DAS 中使用,则可以更有效地对二维表面数据进行三维同化。

作为一种通用技术,神经网络能够以相对简单的形式分析得到这些非线性函数和映射关系特征,同时促进模式输出量在不同定性和定量研究中的使用(Tang and Hsieh,2003;Krasnopolsky et al.,2006)。

5.1.1 海面高度映射及其神经网络模拟模型

海面高度(SSH)是海洋环流模型中的主要预报量之一。本节使用的海洋模式是混合坐标海洋模型(Hybrid Coordinate Ocean Model:HYCOM)。此模式采用的是原始方程框架,垂直方向为通用混合(即密度/地形跟随 σ/z 层)坐标(Bleck,2002)。混合坐标将传统的等密度(恒定水密度层)坐标环流模式的适用性扩展到了浅海和非层流的海洋区域(Chassignet et al.,2003)。本节中使用的 HYCOM 主要模拟区域为大西洋海域,平均水平分辨率为 $1/3°×1/3°$,垂直分辨率为 25 层。

由于简化后的模式物理量具有一维垂直结构,因此假定在特定模式网格点(即特定水平位置)的 SSH(η)仅依赖于同一时刻同一水平位置的状态矢量 $\boldsymbol{X}$。因此,这种依赖关系(或称为目标映射、观测算子)可记为:

$$\eta = \phi(\boldsymbol{X}) \tag{5.1}$$

其中 ϕ 表示非线性连续函数,$\boldsymbol{X}$ 表示一组能够影响或决定 η 的连续状态标量。在本节的应用例子中,矢量 $\boldsymbol{X}$ 是从集合 $\boldsymbol{X} = \phi\{I,\theta,z_{\min}\}$ 中选择出来的 50 个输入量,其中 I 是 HYCOM 中所使用的垂直坐标的接口矢量,θ 为位温廓线,z_{mix} 表示海洋混合层的厚度。这组变量可用于描述深海物理量。因此,矢量 $\boldsymbol{X}$ 的分量的选择方法式(5.1)不适用于海水深度小于 $250\sim500$ m 的沿海地区。本节后面介绍的所有统计数据都是基于一个不包括沿海地区的测试集计算得到的。

表 5.1　训练、验证和测试数据集的时间范围和大小

数据集	起始日期 (儒略日,年)	结束日期 (儒略日,年)	大小, N(廓线数量)
训练	303,2002	52,2004	563,259
验证	303,2002	52,2004	563,259
测试	53,2004	291,2004	563,259

神经网络技术已被应用于分析模式状态变量 $\boldsymbol{X}$ 和 η 之间的关系分析,其神经网络模型(观测算子)可表示为:

$$\eta_{\mathrm{NN}} = \phi_{\mathrm{NN}}(\boldsymbol{X}) \tag{5.2}$$

其中,神经网络模型的权重系数是由模式模拟得到的物理量场进行训练的,这些数据可视为无偏差数据。模拟数据的时长接近 2 a,从儒略日 303,2002 年到儒略日 291,2004 年。在此基础上构建针对神经网络模型的训练、验证和测试数据集,这些数据集的时间范围及其大小参见表 5.1。每套数据集均包括了在模式值域时空范围均匀分布情况下的数据记录对,形式为 $\{\eta_i, \boldsymbol{X}_i\}_{i=1,\cdots,N}$。

如前文所述,表 5.1 中的测试集是用于在模式值域(不包括沿海地区)上评估神经网络模型的准确性。与目标映射(式(5.1))的维数一致,所有经过训练的神经网络都有 50 个输入和 1 个输出。通过敏感性试验将隐藏神经元 k 的数量从 3 变化到 30 的过程中,当 k 达到 $5\sim10$ 后,近似 RMSE 没有显著且一致的改进,小范围改进的量值也不超过 0.25 cm。因此,为了控制神经网络的复杂性并改进其插值能力(参见 2.4.3 和 2.5 节),接下来的研究中仅使用 $k=10$ 的神经网络。

选择整个模拟过程的最后一天(儒略日 291,2004 年)来对神经网络模型进行第一步测试。这一天与用于训练和验证的模拟数据集的最后一天(儒略日 52,2004 年)相隔约 8 个月。利用神经网络模型(式(5.2))计算整个区域并生成二维输出场(η_{NN}),将其与模式生成的模拟场(η)进行比较,两个物理量场之间的差值如图 5.1 所示。

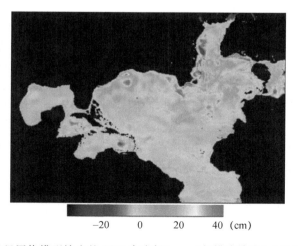

$$-20 \qquad 0 \qquad 20 \qquad 40 \text{ (cm)}$$

图 5.1　5 层隐藏神经网络模型输出的 SSH 高度场(η_{NN})与模式输出(η)的偏差分布(整个区域为大西洋模拟区域,图中水平坐标为模式内部的 $x-y$ 坐标)(见彩图)

由图 5.1 分析可知,除了几个点外,神经网络模型输出的 SSH 高度场(η_{NN})与模式输出(η)的偏差不超过 10 cm。其中差异值较大的几个点大部分位于沿海海域。从全域平均来看,神经网络模型的偏差约为 1 cm,RMSE 约为 4.7 cm。同时考虑到此模型将在 DAS 中与 SSH 的卫星测量数据一起使用,NN 观测算子模型(式(5.2))的精度在 5 cm 或以下都是可接受的。

使用神经网络集合方法可以提高神经网络观测算子模型的精度(5.1.2 节)。此外,DAS 中神经网络模型的使用取决于其雅可比项的计算质量。下一节将讨论神经网络雅可比项的精度以及使用神经网络集合提高精度的可能性。

5.1.2 观测算子中的神经网络集合

如第 2 章中所述(2.4.3 和 2.5 节),最好将神经网络模型复杂性(隐藏神经元的数量)降至最低,以提高模型泛化(插值)能力和雅可比项的稳定性。然而,神经网络复杂性的最小化会降低神经网络模拟的近似精度,因此使用神经网络集合方法(2.4.5 节)是获得两者平衡的一种有效方法。

针对上节描述的问题,神经网络集合方法将采用以下解决方案:考虑到神经网络模型的复杂度有限,假定存在 3 个隐藏的神经元,对 10 个神经网络观测算子模型(式(5.2))进行不同初始化条件的神经网络权重训练。此时,一个神经网络集合由 10 个成员组成,这 10 个神经网络观测算子具有相同结构,即每个成员均为 50 个输入、1 个输出以及包含 3 个神经元的 1 个隐藏层。然而这些成员具有不同的神经网络权重系数、不同的近似度、以及不同的雅可比项。可验证当神经网络架构选择具有 4 或 5 个神经元的 1 个隐藏层时,获得的结果与下面显示的结果类似。

基于神经网络集合的精度改进方法:线性与非线性集合

建立神经网络集合后,利用测试集对每个神经网络成员(神经网络观测算子的特定实现)进行误差计算和分析(图 5.2)。图中垂直轴表示近似误差的随机部分(即误差的 SD),水平轴为系统误差的值(偏差)。这两个误差都基于相应的最大成员误差(成员偏差或 SD)进行了标准化,每个成员的结果用星号(*)表示。由集合成员误差分布可以看出,不同成员之间系统误差的变化约 25 %,而随机误差约为 10 %。

下一步则是以不同方式计算集合平均进行模型性能分析(Barai and Reich,1999)。本节使用的第一个平均方法是最简单的经典集合平均方法:线性组合平均方法(Barai and Reich,1999)。将测试集中数据记录应用于每个集合成员后,每项数据记录(一组输入)能够产生 10 个神经网络输出。然后计算这 10 个值的平均值并与模式输出值进行比较,其结果即为集合统计平均(图中由"＋"字符号表示)。可以看出,使用这种计算集合平均值的经典集合平均法,其偏差与成员的平均偏差相同,且集合随机误差小于任何成员的随机误差,说明集合方法在减少随机误差方面是有效的。同时可以看出集合平均对系统误差和随机误差有较为明显的改善,减少比例分别为 15％和 9％。

经典集合方法很简单,然而其线性特征忽略了集合成员之间的非线性相关性和依赖关系。为了估计上述非线性相关性的贡献,并使用它们来提高集合平均,这里介绍了一个非线性集合方法,即使用额外的平均神经网络来计算集合平均。此方法将在图 5.3 中以示意图方式说明。

平均神经网络的输入是由经典集合方法中相同集合成员的输出组成。平均神经网络的输入数等于集合成员数(本例中为 10)乘以单个集合成员的输出数(本例中为 1)。在此特定情况下,它具有与单个集合成员相同的单输出。平均神经网络是使用训练和验证集进行训练的,这些训练和验证集与用于训练集合成员的数据集相同。本节介绍的测试统计信息是使用测试集计算得到的。

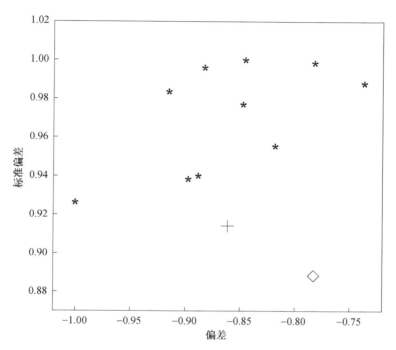

图 5.2　神经网络模型的随机误差(误差的标准偏差 SD,垂直轴)与系统误差(偏差 Bias,水平轴)的散点分布图。其中随机误差与系统误差均参照最大成员误差进行标准化。图中每个集合成员的结果用星号(＊)表示,常规集合平均用十字符号(＋)表示,平均神经网络的非线性集合结果用菱形符号(◇)表示

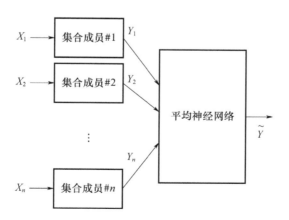

图 5.3　使用平均神经网络的非线性集合模型示意图,其中 $\tilde{Y}$ 表示生成的非线性集合平均值,$\boldsymbol{X}$ 是模型(式(5.2))的输入向量

使用平均神经网络的非线性集合误差分析结果由图 5.2 中菱形符号表示。结果表明,集合成员间非线性相关性非常显著,可成功地用于提高集合精度。与经典集合方法(图 5.2 中＋

符号)相比,非线性集合能够在偏差 10% 左右的量级上提供进一步的改进,且其偏差接近最小集合成员的偏差。对于随机误差的附加改进也能够达到约为 5%。

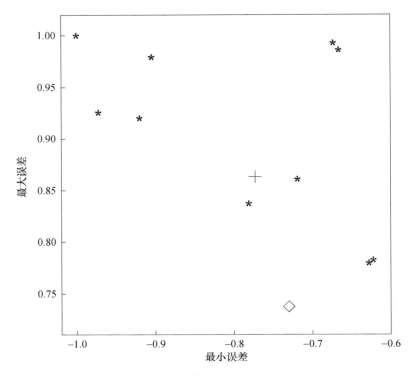

图 5.4 极端异常值的统计信息。垂直轴显示整个测试集上最大的正模拟误差(或最大值,MAX Error)和水平轴的最大负模拟误差(或最小值,MIN Error)。图中每个集合成员的结果用星号(∗)表示,常规集合平均用十字符号(+)表示,平均神经网络的非线性集合结果用菱形符号(◇)表示

图 5.4 给出了极端异常值的统计信息。当每个集合成员应用于测试集进行误差分析时,神经网络将生成一个输出,同时每个记录都存在误差。在所有这些误差中,存在一个最大的负(或最小)误差和一个最大的正(或最大)误差,也被称为两个极端异常值,表示了此特定神经网络模型可以预期到的最坏的情况。每个神经网络成员的这两个极端异常值在图中表示。图 5.4 中每个集合成员的两个极端异常值用星号(∗)表示,常规集合和非线性集合的异常值分别用十字符号(+)和菱形符号(◇)表示。结果表明,神经网络集合方法对极端异常值的减小比例达到 25% 左右,非线性集合结果更为明显。可见,神经网络集合方法是减少极端异常值的有效工具。该方法在辐射参数化(Krasnopolsky,2007b)和神经网络多模式集合(5.2 节)的应用中也可以得到类似的结果。

降低雅可比项不确定度的神经网络集合方法

神经网络模型(式(5.2))应用于海洋 DAS,可以增强 SSH 同化效果,并改善表面 SSH 信号在其他垂直高度以及对其他变量的影响估计。在海洋 DAS 中,SSH 的增量($\Delta \eta$)可利用神经网络雅可比项 $\left\{\dfrac{\partial \phi_{NN}}{\partial X_i}\right\}$ 进行计算,表达式为:

$$\Delta \eta_{NN} = \sum_{i=1}^{n} \frac{\partial \phi_{NN}}{\partial X_i}\bigg|_{X=X^0} \cdot \Delta X_i \tag{5.3}$$

其中，ΔX_i 代表状态增量，X^0 代表初始状态矢量，n 代表矢量 $\boldsymbol{X}$ 的维度。将计算得到的 $\Delta \eta_{NN}$ 与观测得到的 $\Delta \eta_{obs}$ 进行比较后，利用其偏差来计算 $\Delta \boldsymbol{X}$ 并调整 $\boldsymbol{X}$。从概念上来说，这个方法类似于 3.1.1 节中正向模型的反演（式(3.4)）以及 3.1.2 节中的变分反演。

如 2.4.4 节中讨论，单个神经网络的雅可比项的质量很难满足 DAS 应用的要求，因此集合方法是改进神经网络雅可比项计算的有效方法。以本节前文构建的 10 个集合成员的神经网络雅可比项为例，其形式可表示为：$\left\{ \dfrac{\partial \phi^j_{NN}}{\partial X_i} \right\}_{i=1,\cdots,p}^{j=1,\cdots,p}$，其中 p 为集合成员数。此时集合平均雅可比项计算式为：

$$\overline{\frac{\partial \phi_{NN}}{\partial X_i}} = \frac{1}{p} \sum_{i=1}^{p} \frac{\partial \phi^j_{NN}}{\partial X_i} \qquad i=1,\cdots,n \tag{5.4}$$

接下来，式(5.3)和(5.4)可用来计算每个集合成员的雅可比项的 $\Delta \eta_{NN}$ 以及集合平均雅可比项，并将每个集合成员雅可比项的 $\Delta \eta_{NN}$ 与基于模式模拟结果 $\Delta \eta$ 行进行比较分析。上述比较的对象是整个模式模拟的最后一点，此日期与用于神经网络训练和验证的模拟数据集的最后一天相隔约 8 个月。利用模式模拟生成的物理量场来构建神经网络观测算子（式(5.2)）的输入矢量 $\boldsymbol{X}$。此时，神经网络雅可比集合成员在整个模拟区域（除去沿海海域）内利用（式(5.3)）可计算得到二维物理量场 $\Delta \eta_{NN}$，并利用集合平均计算式（式(5.4)）计算得到 $\overline{\Delta \eta_{NN}}$。同时在模式状态量空间内引入向量 $\boldsymbol{X^0}$ 与 $\boldsymbol{X} = \boldsymbol{X^0} + \Delta \boldsymbol{X}$ 的无量纲距离 S，表达式为：

$$S = \sqrt{\frac{1}{n} \sum_{i=1}^{n} \left(\frac{\Delta X_i}{X_j^0} \right)^2} \qquad i=1,\cdots,n \tag{5.5}$$

利用本节介绍的方法，可将计算得到的物理量场与模式生成的相应物理量场 SSH(η)进行比较，同时可在模式模拟区域内的特定位置进行了多个个例研究，图 5.5—图 5.8 就给出了其中一个个例研究的结果。

纬度 = 17.34°；经度 = −58.90°

图 5.5　模式区域内横截面(白色水平线)上 X^0 所在位置(白点)

图 5.5 给出了模式模拟区域内一个横截面（白色实线）的位置，线上的白点即为 $\boldsymbol{X^0}$ 的位置。从这个位置开始，按预设网格上下移动网格点，使用这些网格点的 X 值计算 ΔX 及其在模式状态空间中的无量纲距离 S(式(5.5))，计算结果代入(式(5.3))可用于计算 $\Delta \eta$。

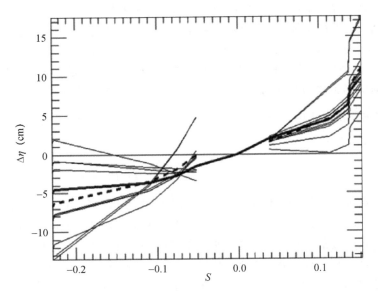

图 5.6　利用(式(5.3))计算得到神经网络集合成员雅可比项 $\Delta\eta$(细实线表示的包络线,表示雅可比项的不确定性)、模式计算得到的确定雅可比项(粗实线),以及利用(式(5.4))计算得到的神经网络集合平均雅可比项(粗断线)及其与无量纲距离 S(式(5.5))在状态空间内的比较(Krasnopolsky,2007a)

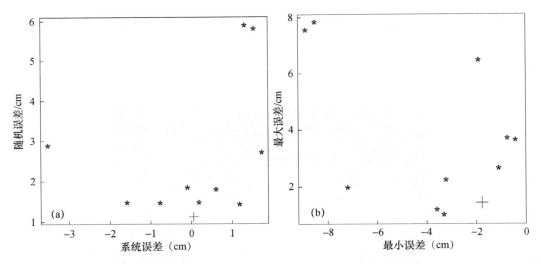

图 5.7　(a)沿图 5.5 所示路径采用方程(5.3)计算得到的系统误差(Bias,单位:cm)和随机误差(误差标准偏差 SD,单位:cm)。(b)该路径上的最小(MIN ERROR,单位:cm)和最大(MAX ERROR,单位:cm)误差。图中星号(∗)表示式(5.3)所用的集合成员雅可比项的误差;十字符号(+)表示在式(5.3)中所用的集合平均雅可比项(式(5.4))(Krasnopolsky,2007a)

　　图 5.6 中给出了利用式(5.3)计算得到的神经网络集合成员雅可比项 $\Delta\eta$(细实线表示的包络线,表示雅可比项的不确定性)、模式计算得到的确定雅可比项(粗实线)以及利用式(5.4)计算得到的神经网络集合平均雅可比项(粗断线),及其与无量纲距离 S(式(5.5))在状态空间内的比较(Krasnopolsky,2007a)。如图所示,神经网络雅可比项可以通过使用集合平均值得到显著改善。无量纲距离 S 越大,雅可比项不确定性的减少越明显。

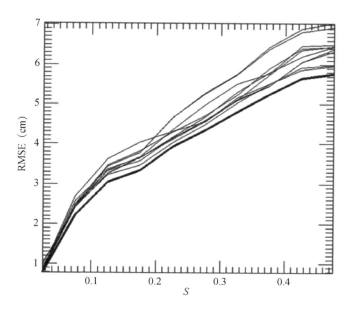

图 5.8　在整个模拟区域与无量纲距离 S 相关的误差（RMSEs，单位：cm）（细线对应于集合成员，粗线显示集合结果；Krasnopolsky，2007a）

图 5.7a 表示沿图 5.5 所示路径采用式(5.3)计算得到的系统误差（Bias，单位：cm）和随机误差（误差标准偏差 SD，单位：cm）。图中星号（＊）表示式(5.3)所用的集合成员雅可比项的误差；十字符号（＋）表示在式(5.3)中所用的集合平均雅可比项（式(5.4)）。使用经典方法计算集合平均值时，集合偏差与成员的预期平均偏差相等，表征在雅可比项计算中集合方法非常有效地减少了随机错误或 SD 偏差，其中集合随机误差的量值小于任何集合成员的随机误差。此外还显著减少了单个成员的最大误差，其偏差减少了 90％，随机误差减小 65％。

图 5.7b 则表示该路径上的最小（MIN ERR，单位：cm）和最大（MAX ERR，单位：cm）误差。采用与图 5.4 相同的计算方法，结果表明神经网络集合方法也是减少其雅可比项异常大值误差的有效工具。

随后在模拟区域中的所有网格点采用了相同的过程进行误差分析，即在整个模拟区域内沿多条路径（包括水平和垂直）进行误差计算。图 5.8 显示了 RMSE 在整个模拟区域内与无量纲距离 S（每个路径平均值）的关系。细线对应于集合成员，细实线的包络表明了雅可比的不确定性，粗线显示了神经网络集合的结果。结果表明，集合方法改善所有无量纲距离上的统计结果，即在整个模拟区域中集合总是优于最好的集合成员。

5.1.3　讨论

本节为了更好地理解文中分析的误差量级，将这些误差的量级与海洋 DAS 中同化观测卫星数据时的误差 $\Delta \eta_{obs}$ 进行比较。分析结果表明，神经网络（式(5.2)）方法和集合技术能够减少雅可比项的不确定性，同时产生一个足够准确且能用于海洋 DAS 的雅可比项计算结果（式(5.4)）。

本节是以最简单的神经网络观测算子为例，即在特定网格点和特定时间向神经网络提供信息（所谓逐点法）。而在实际应用中，神经网络的灵活性能够描述更为复杂的应用场景。例如从几个相邻网格点获取输入的场反演，或者类似于第 3.6.3 节中描述的 F2P 或 F2F 等。这些方法可以实现将以前时间步骤的输入信息提供给神经网络。

5.2　神经网络非线性多模式集合

在本节中，引入一种基于神经网络技术的方法来计算 MME 的非线性平均值，以改善美国大陆 24 h 的降水预报。此方法能够考虑集合成员之间的非线性相关性，并生成以非线性神经网络集合均值表示的"最佳"预测结果。同时，采用多种线性回归组合方法，以及预报员主观预报结果，对神经网络方法和经典的 MME 进行了比较。

对于数值天气预报模式，降水量是最难以预报的物理量之一。对大气湿度和垂直运动场的深入理解是提高降水区域和强度预报的关键，但这两个量都是难以预报甚至观测的。同时，由于次网格过程对降水量预报中的关键参数影响较大，因此，数值天气预报模式需要采用非常简化的方式处理对流云的参数，从而能够有效考虑与积云发展相关的次网格过程（4.1.2 节和 4.3.6 节）。因此，这些模式和观测的限制，都会导致定量降水预报（Quantitative Precipitation Forecasts：QPF）中的误差。

为了弥补观测系统和模式物理过程的缺陷，近年来集合预报方法得到了很好的应用，如利用扰动的初始条件实现了一些模式集合。EPS 已在 ECMWF 和美国 NCEP 的业务运行中进行了广泛的测试和使用（Buizza et al.，2005；Palmer et al.，2007）。结果表明，集合平均预报结果比单一预报模式的确定性预报结果更准确（Zhang and Krishnamurti，1997；Du et al.，1997；Buizza and Palmer，1998）。然而，单模式 EPS 存在以下缺点：(1)计算成本高，然而降低模式分辨率则会导致预报质量的降低；(2)假设误差主要来自初始条件的不确定性，但是模式本身中存在的偏差也会反映在集合结果中，需要进一步校准。目前可通过引入了"随机"或"扰动"物理过程，即采用扰动物理过程的集合方法来反映模式次网格尺度过程的不确定性（Buizza et al.，1999，2005；Krasnopolsky et al.，2008）。

MME（也称有限集合）是解决上述问题的另一种方法。它结合了来自多个 NWP 模式的预报结果。Ebert(2001)使用由七种业务运行的 NWP 全球和区域模式组成的 MME，完整讨论了 MME 方法的优缺点。在 MME 中，集合是由不同模式和（或）不同初始时间的输出组成，而不是单一模式的初始条件扰动。与使用奇异向量或繁殖方法对初始条件产生最佳扰动的 EPS 不同，MME 通过由不同观测数据得到的初始条件的不确定性、不同业务中心采用的初始化方法、甚至不同模式动力框架所造成的模式不确定性进行采样。这些不确定性涵盖了来自模型动力学、模型物理参数、数值方法和分辨率的差异，因此，MME 可以认为是一种数值天气预报系统内所有模块都进行扰动的方法，而不仅仅是初始条件或模式物理过程。大量研究表明 MME 具有非常好的预报表现（Speer and Leslie，1997；Du et al.，1997；Ebert，2001）。

5.2.1　集合平均的计算

不论是在 MME 还是在基于单一模式的 EPS 中，最终产品是集合成员的组合。假定对特定的时间和模型有 N 个集合成员，因此，对于每个预报变量 P 都会对应产生 N 个预报结果 P_i $(i=1,\cdots,N)$。要生成集合预报结果，需要将集合成员在预报中组合在一起，其中最简单和最常见的组合是集合平均（Ensemble Mean：EM），也就是计算集合成员的简单平均值，这种方法可称为保守集合，其计算式为：

$$EM = \frac{1}{N} \sum_{i=1}^{N} P_i \tag{5.6}$$

其中，N 表示总的预报成员数，P_i 表示由第 i 个模式生成的第 i 个集合预报成员。这种组合成员方法的优势体现在不需要任何额外的信息，且其结果唯一且容易计算；主要缺点是它没有充分利用不同集合成员预报过程中所包含的信息。

较为复杂的方法是采用加权集合平均（weighted ensemble means；WEM），其计算式为：

$$WEM = \frac{\sum_{i=1}^{N} W_i \cdot P_i}{\sum_{i=1}^{N} W_i} \tag{5.7}$$

其中，集合成员的权重系数 W_i 通常是根据成员组合的实际情况分析得到的，如果基于以往经验已知某些模式的预报效果更好，则可在式(5.7)中预先分配更高的权重值。

为了更好地对集合成员进行组合，Krishnamurti 等(1999,2000)使用了多线性回归技术来确定集合成员的最佳权重 W_i。研究表明，只有存在能够用于学习回归系数的训练数据集时，这种方法能够相比保守集合方法对集合平均的预报结果产生显著改善。假定训练集是存在的，方程(5.7)能够计算，同时其他预报模型 $x_i (i=1,\cdots,m)$ 也能够包含到回归表达式内，即有：

$$WEM = \sum_{i=0}^{m} a_i \cdot x_i + \sum_{i=m+1}^{N+m} a_i \cdot P_{i-m} \tag{5.8}$$

单平均和加权平均方法均隐含地假设集合成员和最佳预报结果之间的线性依赖关系。然而，在许多情况下预报因子之间是显著相关的。在本节研究个例中，由不同 NWP 模式同时生成的 QPF 结果落区位置非常相似，说明不同预报因子之间所具有的高相关性。因此，在处理相关预报因子时，线性回归是不合适的。此外，对于具有高梯度和剧烈变化的局部特征量（如降水），线性假设可能导致 MME 预报中的重大问题（下节有更详细讨论）。可见，在大多数情况下，集合成员与最佳预测值之间的依赖可能是复杂和非线性的。

因此，考虑 MME 成员和最佳预测值之间存在任意的非线性依赖关系，即有：

$$MME = f(\boldsymbol{X}) \tag{5.9}$$

其中向量 $\boldsymbol{X} = \{\boldsymbol{x}, \boldsymbol{P}\}$，而 $\boldsymbol{P} = \{P_i\}_{i=1,\cdots,N}$ 表示集合成员矢量，$\boldsymbol{x} = \{x_i\}_{i=1,\cdots,N}$ 表示同样能够适应时间和地点依赖关系的附加预报因子。

此时，神经网络技术可使用由过去模拟数据组成的训练集来近似描述非线性依赖关系（式(5.9)），并从数据中学习得到神经网络权重系数。本节采用的非线性神经网络集合平均（神经网络 EM）可写为：

$$NNEM = a_0 + \sum_{j=1}^{k} a_j \cdot \phi(b_{j0} + \sum_{i=1}^{n} b_{ji} \cdot \boldsymbol{X}_i) \tag{5.10}$$

其中，$\boldsymbol{X}_i$ 是式(5.9)中输入向量 $\boldsymbol{X}$ 的分量，是由与 EM（式(5.6)）和 WEM（式(5.7)）使用的 N 个输入（集合成员）加上可选的附加参数式(5.9)组成。其中 n 为输入量的个数（$n \geqslant N$），k 为式(5.10)中神经元的个数。理论上式(5.10)能够近似描述非随机变量之间的任何非线性关系。然而，训练式(5.10)所用的训练数据集是由包含不确定性的输入和输出量组成。输入矢量 $\boldsymbol{X}$ 包含了 NWP 模式预报的 QPF 矢量，输出矢量中包含观测得到的 QPF。输入和输出都包含显著的不确定性(5.2.1 节)和随机变量。因此，作为描述两个随机变量之间的关系，非线性函数 f 也是一个随机函数（或退化的随机映射）。

实际上,随机函数是一个函数系列,每个函数都描述了由这些变量的不确定性构成的任意两个变量之间的关系,其概率由它们的联合概率密度函数决定。因此,单个神经网络式(5.10)无法为此类随机函数式(5.9)提供足够的近似性。然而,神经网络技术的丰富性和灵活性能够为解决这个问题提供可行方案,其中神经网络集合就可用于近似描述这类随机函数和映射(Krasnopolsky et al.,2011)。因此,多神经网络(神经网络集合)模型可用来模拟式(5.9)中的随机函数 f,其中每个神经网络集合成员由式(5.10)表示;而 QPF 则可用神经网络集合成员神经网络 EM_i 的保守集合方法来计算,即:

$$MNNEM = \frac{1}{q} \sum_{i=1}^{q} NNEM_i \qquad (5.11)$$

上式中,q 是神经网络集合中神经网络式(5.10)的数量,而每个神经网络 EM_i 是 q 个神经网络集合平均(NNEM)中的一个。创建神经网络集合有很多不同的方法,在这里使用神经网络式(5.10)的集合,这些神经网络具有不同的权重系数 a 和 b,对应于神经网络最小化的误差函数训练过程中的不同局部最小值。

采用神经网络 MME 平均(NN MME means:NNEMs)的另一优点在于能够按照 NNEM 的标准差来计算得到 MME 预报的不确定性,其计算式为:

$$\sigma = \frac{1}{q-1} \sum_{i=1}^{q} (NNEM_i - MNNEM)^2$$

预报结果及数据验证

将上述 MME 方法应用于美国大陆 24 h 降水预报(Lin and Krasnopolsky,2011)。采用了 8 个业务化模式对同一区域同一时段进行 24 h 降水预报,包括 NCEP 的中尺度和全球模式(NAM 和 GFS)、加拿大气象中心的区域和全球模式(CMC 和 CMCGLB)以及来自德国气象局(DWD)、ECMWF、日本气象厅(JMA)和英国气象局(UKMO)的全球模式。此外,可获取 NCEP 气候预报中心(Climate Prediction Center:CPC)的降水再分析数据。其中 CPC 每日 1/8°的再分析数据被用于训练神经网络以及对模式预报结果进行验证。所有网格化物理量场均采用适于兰勃托投影的天气交互处理系统插值到同一网格上,覆盖区域为全美大陆,分辨率为 40 km。

基于图 5.9 分析可知,NAM、GFS 和 ECMWF 三个模式预报结果与再分析数据相比,均表现出类似的偏差分布特征,即在降水量较小时,模式预报的湿度比 CPC 再分析数据略大;而在降水量较高(>50~60 mm/d)时,则比再分析数据更为干燥(Lin and Krasnopolsky,2011)。此外,不同模式产生的降水预报场中,降水特征的高点和低点位置以及降水特征的细节存在差异。图 5.9 给出了 NAM、GFS 和 ECMWF 三个模式 24 h 累积降水量的预报结果以及该预报量 CPC 再分析数据的分布,从图中所示结果表明,模式预报结果存在一定的不确定性,尤其强降水量和弱降水量的预报区域和量值。

图 5.10 是 2010 年前 6 个月 8 个模式预报结果与 CPC 再分析数据相比的散点图。分析表明,不同模式(即不同 MME 成员)预报结果的分布具有很大的发散度,尤其在降水量较高时,预报的不确定性非常大。将 8 个模式 24 h 预报结果和 CPC 再分析数据的箱式散点与保守集合平均(EM)计算结果同时显示在图 5.11 中可以看出,所有模式预报结果形成了一个包络区域,且随着降水率增加,包络区域的离散度增加;而对于强降水量的预报,所有模式偏差均出现增长。因此,图 5.10 和图 5.11 能够显示所考虑的系统随机性特征。

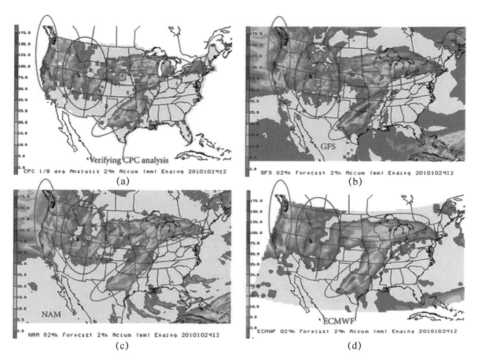

图 5.9　2010 年 10 月 24 日 3 种模式（NAM(c)、GFS(b) 和 ECMWF(d)）的 24 h 累积降水量（单位：mm）预报结果以及 CPC 再分析数据(a)的分布。红色和蓝色椭圆形分别显示强降水和弱降水区。图中所示说明了模式预报结果的不确定性，尤其是强降水量和弱降水量的预报结果。（Krasnopolsky and Lin，2012）（见彩图）

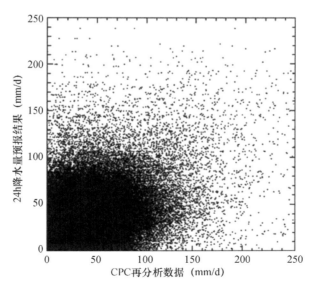

图 5.10　2010 年前 6 个月 8 个模式 24 h 降水量（单位：mm/d）预报结果与该预报量 CPC 再分析数据（单位：mm/d）相比的散点图。（引自 Krasnopolsky and Lin，2012）

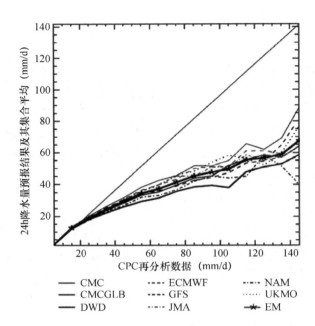

图 5.11　8 个模式(集合成员)24 h 降水量(单位:mm/d)预报结果及其集合平均(EM,单位:mm/d)
与该预报量 CPC 再分析数据(单位:mm/d)相比的箱式散点图(引自 Krasnopolsky and Lin,2012)

降水预报的集合预报方法

本节主要比较了多线性回归和非线性方法(如神经网络)在 MME 技术中对保守线性集合
式(5.6)的影响,并分析两类方法对 24 h 降水预报结果的改进效果。由上文可以看出,模式系
统本身存在一定的不确定性,研究人员一直在探索各种方法来做出更好的降水预报。在本节
中,考虑了一个由 8 个成员构成的 MME,并以三种不同的方式计算:(1)基于多线性回归的保
守 EM(式(5.6)),(2)WEM(式(5.8))和(3)非线性神经网络集合平均值 NNEM(式(5.10))。

图 5.11 中,保守 EM 贯穿于模式形成的包络区域中间,同时 EM 提供了更好的降水区位
置。然而,在其他方面并没有表现出显著改善情况。同时 EM 具有平滑、扩散的特征,且能够
显著减少空间梯度(图 5.13 和图 5.14)。此外,EM 结果在弱降水区域存在较大偏差,并产生
大面积虚假弱降水区;同时强降水区域较平滑且偏差有效降低,即在强降水区域偏差较小。这
些问题的存在说明需要寻找改进方法,如非线性神经网络集合。

首先,可以对线性技术进行改进。为了与神经网络集合进行比较,引入 WEM(式(5.8))
作为多个线性回归,并使其使用与神经网络集合(式(5.10))相同的输入。多线性回归集合平
均(WEM)可以表示为:

$$\text{WEM} = a_1 \cdot \text{cjd} + a_2 \cdot \text{sjd} + a_3 \cdot lat + a_4 \cdot lon + \sum_{i=1}^{8} a_{i+4} \cdot P_i \tag{5.12}$$

其中,$\{a_i\}_{i=1,\cdots,12}$ 表示回归系数。$\text{cjd} = \cos\left(\frac{\pi}{183} \cdot \text{jday}\right)$,$\text{sjd} = \sin\left(\frac{\pi}{183} \cdot \text{jday}\right)$,其中 jday 表
示儒略日。lat 和 lon 分别表示纬度和经度。P_i 表示美国大陆特定网格点上的集合成员。因
此,多线性回归集合(式(5.12))总共有 12 个输入参数。

神经网络集合平均(NNEM)可由式(5.10)进行计算,其中输入向量 $\boldsymbol{X}$ 由与 WEM(5.12)
式相同的 $n=12$ 个输入量组成,经过多次试验后,设定神经元个数 $k=7$ 可避免过度拟合

（Krasnopolsky and Lin，2012）。WEM 和 NNEM 都有一个输出量，即 24 h 的降水预报。与预报时间相对应的 CPC 再分析数据用于训练这两种情况下的输出。值得注意的是，WEM 的回归参数和 NNEM 的神经网络权重既不随网格点位置发生变化，也不取决于时间。因此，对 WEM 和 NNEM 进行训练后，得到的回归系数（或神经网络的权重）可用于 CoUS 网格中的任何网格点，而结果仅通过输入参数与时间和位置相关。

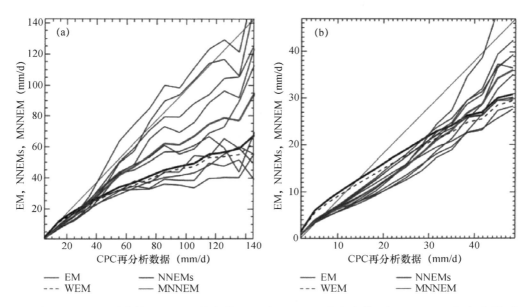

图 5.12　EM（黑实线）、WEM（黑虚线），10 个 NNEM（蓝色实线）和 MNNEM（红色实线）与 CPC 再分析结果比较的箱式散点图。其中 EM 由式（5.6）计算、WEM 由式（5.12）计算、NNEM 由式（5.10）计算、MNNEM 由式（5.11）计算。b 显示的是 a 中弱降水区域的放大效果（见彩图）

5.2.2　结果分析

WEM 和 NNEM 是基于 2009 年的数据开发的，累积使用输入/输出记录超过 31 万条。同时上述模型已经利用 2010 年上半年的独立数据进行了验证（如图 5.10、5.11 和 5.12）。其中图 5.11 显示了 2010 年上半年美国大陆降水量的箱式散点图，包括 8 个模式预报结果、EM（式（5.6））计算结果以及 CPC 再分析数据。图 5.12 对 EM（粗实线）和 WEM（虚线）进行了对比，可以看出对于降水预报场，WEM（式（5.12））与保守 MME 的 EM（式（5.6））相比，并没有显著改善。综合图 5.11 和图 5.12 可知，对比 CPC 再分析数据，所有模式预报，及其 EM 和 WEM 计算结果在弱降水区域都略偏大，而在强降水区域则明显偏小，说明即使采用了多元线性回归集合（WEM），线性集合方法无法有效改善这种整体性的偏差。

如前文所述，线性集合平均技术（式（5.6）和式（5.7））和非线性（式（5.10））之间有显著的区别。EM（式（5.6））是确定且唯一的，而 WEM（式（5.7））能够为给定的训练集提供确定的解决方案。非线性集合平均则为给定的训练集提供多个解决方案。对于由非随机函数（式（5.9））描述准确的训练数据，不同的解决方案具有不同的近似误差，可以选择近似误差最小的最佳解决方案。而使用具有强不确定性（噪声）的训练数据（类似图 5.10 和图 5.11 中显示的数据）时，函数式（5.9）是一个随机函数，多个解决方案的近似精度可能与数据中的不确定性几乎相同。因此，所有这些解决方案都提供了随机函数式（5.9）的有效表示，以及 MME 的有效非线性平均值。

本节在神经网络方法应用方面,训练了 10 个神经网络(式(5.10))集合,每个神经网络具有相同的架构,包括 12 个输入、1 个输出和 7 个隐藏神经元,但权重 a 和 b 的初始化值不同。这些神经网络的训练是基于误差函数的非线性最小化,可产生 10 种不同的误差函数局部最小值,但其近似误差值大致相同。由于这 10 个神经网络的权重 a 和 b 不同,因此在数据不确定性较高的区域(如强降水区)会产生非常不同的结果。

图 5.12 给出了 EM、WEM,10 个 NNEM 和 MNNEM 与 CPC 再分析结果比较的箱式散点图,展示了对不同 MME 中的平均神经网络(神经网络集合成员)的验证结果。图 5.12a 为 0 到 145 mm/d 的整个降水值范围,而图 5.12b 则将降水面积从 0 到 50 mm/d 的比较结果进行了放大。所有 10 个 NNEM 在降水量较弱时结果比较一致,但在强降水的预报水平上却存在显著差异。强降水预报的大离散度,反映了数据的不确定性以及 MME 不同成员对强降水预报的显著差异性(图 5.10),即 MME 的不确定性。值得注意的是,在训练和验证集中,仅有不到 0.5% 的数据记录对应于降水值大于 50 mm/d,大于 100 mm/d 的数据记录则更少。

为了提高非线性神经网络 MME 平均值的统计意义(特别是在强降水预报时),将上述 10 个神经网络视为平均神经网络的集合,并使用方程(5.11)计算神经网络集合均值 MNNEM(图 5.12 中红色实线)。可以看出,相比 EM 和 WEMM,NNEM 显著降低了降水量较大(35 mm/d 及以上)的低偏差,对强降水预报结果具有较为明显改善(图 5.12a);此外,NNEM 还降低了弱降水预报(从 0 到 10 mm/d)的高偏差,对弱降水预报也有改善效果。然而,对于 12~30 mm/d 的中等强度降水预报,MNNEM 和大多数神经网络集合成员的偏差均低于 EM 和 WEM(图 5.12b)。因此,非线性神经网络集合平均方法能够同时改善强降水和弱降水预报效果,在降水量较低时平衡湿度,在较高量处保持干燥。

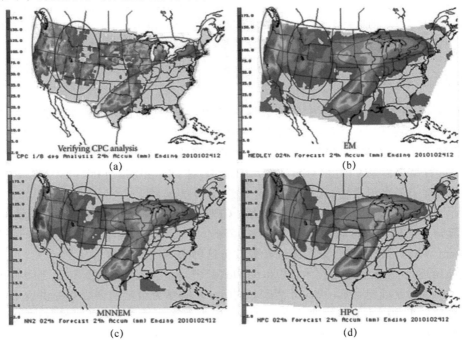

图 5.13　2010 年 10 月 24 日三类 24 h 累积降水量(24 Accum,单位 mm)预报场:EM(b)、MNNEM(c)和 HPC(d)与 CPC 再分析(a)比较(红色椭圆表示强降水区,蓝色椭圆表示弱降水区)(Krasnopolsky and Lin,2012)(见彩图)

图 5.13 和图 5.14 将非线性神经网络集合预报(MNNEM)和保守集合预报(EM)与 CPC 再分析数据以及水文气象预报中心(HPC)制作的 24 h 人工预报进行了比较分析。其中 HPC 人工预报是预报员使用模式预报产品以及所有可用的观测和卫星数据后发布的结果(Novak et al.,2011)。由于 WEM 与 EM 结果非常详细,此处对其不做讨论。如图 5.13 和图 5.14 所示,MME 的非线性神经网络平均仍然难以克服保守 EM(式(5.6))技术产生虚假弱降水区的问题,但是锐化了降水特征并增强了区域内锋面特征及最大值,有效改善了降水区域的位置和特征的预报效果,此外,MNNEM 技术在使用更少资源和更短预报时间的基础上,提供了可与 HPC 人工预报相当的预报效果。

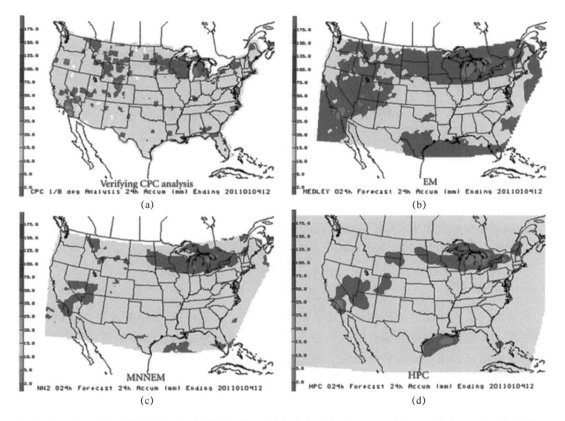

图 5.14　与 5.13 显示内容一致,个例时间为 2011 年 1 月 4 日(Krasnopolsky and Lin,2012)(见彩图)

图 5.15 显示了降水区域位置和特征预报精度的统计结果。其中统计数据时间范围为 2010 年 11 月 15 日至 2011 年 7 月 15 日,共 8 个月;采用的是 2009 年数据作为训练集。

公平观测评分(Equitable Threat Score:ETS)(Wilks,2011)可用于判断观测事件中被正确预报的百分比,并根据随机概率产生的正确率进行调整。由于针对每个降水阈值,一个完美的预报都有 1 个评分,因此可能的 ETS 范围从 1/3～1。偏差评分则简单地定义为预报的均值覆盖范围与超过给定阈值的观测降水的比值,理想的预报将在每个阈值上获得 1 个偏差评分。

总之,MNNEM 预报效果可与 HPC 人工预报效果相当,在低于 0.1 in* /d 的阈值和超过 1.0 in/d 阈值条件下,预报效果明显优于 EM,这与图 5.12 中提供的统计数据非常一致。

---

　* 1 in=2.54 cm。

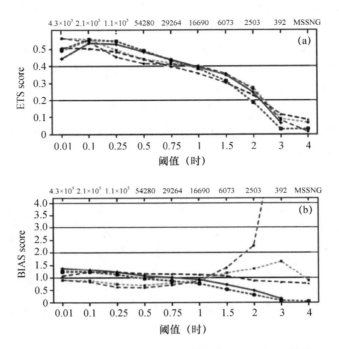

图 5.15　2010 年 11 月 15 日至 2011 年 7 月 15 日不同阈值（Threshold，单位：in*）条件下，5 种不同的 MME 24 h 预报结果的 ETS(a)和偏差评分(b)。其中红实线为 EM(式(5.6))，粉红虚线为 WEM(式 (5.9))，蓝色虚线为 HPC 人工预报，浅蓝色虚线为 MNNEM(式(5.10))，棕色虚线为 NNEM(神经网络集合成员之一)预报结果(Krasnopolsky and Lin，2012)（见彩图）

5.2.3　讨论

本节通过引入非线性神经网络集合方法来改进 24 h MME 降水预报效果。分析表明，神经网络 MME 相对保守线性集合的优势在于：(1)显著改善弱降水区的高偏差；(2)显著改善强降水的低偏差；(3)使得分布特征锐化并逼近观测结果。值得注意的是，神经网络 MME 预报结果在没有获得额外信息，并且消耗更少时间和资源的前提下，至少能够达到与主观预报相同的效果。此外，神经网络技术的灵活性使其能够适应神经网络在获取额外的与时空相关的输入信息时所产生的对分析环境的时间和空间依赖性。神经网络技术也可用于考虑研究问题的随机性，本节也介绍了使用神经网络集合技术来近似随机函数（映射）的应用实例。

与最简单的保守集合(式(5.6))相比，基于使用过去数据（包括本文中引入的神经网络方法）的任何集合平均技术（线性或非线性）都需要额外的维护工作。MME 集合成员和 NWP 模式都是不断发展的复杂系统，其预报质量会随着时间而变化，即函数 f(式(5.9))会随着时间而变化。因此，应长期关注对式(5.8)、式(5.10)以及任何模式模型的近似效果，并定期对模型进行再训练。从本节介绍的方法来看，基于 2009 年训练的神经网络集合在 2011 年仍然具有很好的运行效果。如果神经网络集合需要再训练，可每 $M(M > 2)$a 执行一次。

本节中，神经网络方法可以以简单的方式来实现，如向神经网络提供了与线性 MME 相同

＊　1 in＝2.54 cm。

的信息。当然,也可以引入更复杂的神经网络方法。如,将提供给预报员的信息(以及 HPC 预报结果本身)作为对神经网络的额外输入,或采用 F2P 或 F2F 方法(3.6.3 节)从相邻网格点获取输入信息等。本节介绍的非线性神经网络平均方法是通用的。本节主要介绍其在降水预报中的应用,同时也可用于其他预报场效果的改善,以及计算单模型 EPS 中的非线性集合平均。

5.3　物理过程扰动和扰动物理过程集合

本节介绍了几种可应用于扰动模式物理过程以及计算扰动物理过程集合的神经网络模拟技术。主要讨论了两类扰动物理过程集合:一种是常规的扰动物理集合(Perturbed Physics Ensemble;PPE),它通常与初始扰动集合(perturbed initial condition ensemble;PICE)的场景相结合(见图 5.16),这种方法即为 EPS 的经典集合方法;另一种是短期扰动物理集合(short-term perturbed physics ensemble;STPPE)。神经网络模拟技术可以有效地用于构建 PPE 和 STPPE。同时,对于上述三类集合(PICE、PPE 和 STPPE),使用模式物理过程的神经网络模拟能够显著提升数值性能。

在过去 10 年中,集合技术在 NWP(Palmer et al.,2007;Buizza et al.,2005)和数值气候模拟(Broccoli et al.,2003;Murphy et al.,2004;Stainforth et al.,2005;Yoshimori et al.,2005)研究中取得了巨大成功。由于 NWP 的主要问题(尤其是中短期天气预报)对应于方程(4.1)的初值问题,PICE 作为传统的集合方法已经被广泛应用于 NWP 的 EPS。

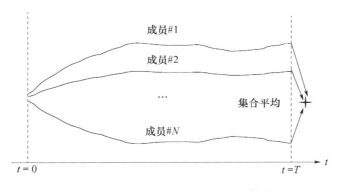

图 5.16　每个成员的 PICE 和 PPE 轨迹

研究表明,对于 NWP 和气候应用,PICE 预报的发散度不足以系统地捕捉实际情况,因此需要在某些集合预报系统中引入模式物理过程扰动(Buizza et al.,1999,2005)。与 NWP 的初值问题相比,气候模拟的预报问题受方程(4.1)中的边界条件和右端(rhs)强迫项的影响更大。而对于这类问题,基于模式物理过程的扰动(或强迫项的扰动)的集合方法更加适宜。因此,可以预计,扰动的物理过程集合对气候模拟和预报将更为有效(Stainforth et al.,2005)。

5.3.1　NWP 和气候模拟的集合方法

用于气候模拟和 NWP 的 GCM 是由许多元素组成的复杂非线性系统(式(4.1)),包括:初始条件 ψ_0、边界条件 ψ_B、模式物理过程 $\Omega(\Psi,t)$ 以及模式物理过程 $P(\Psi,t)=\sum_k p_k(\Psi,t)$。其中,$\Psi$ 表示大气状态矢量,包含了 ψ 和 x;t 表示时间;p_k 表示的是描述物理过程的参数化方案。这里提到的每一个元素与初始条件一样,都可视为具有其内在(本质)不确定性的特定模块。初始条件的不确定性主要来源于数据中的观测误差和次网格差异性。对于模式物理过程,不确定性的主要来源于次网格尺度的物理过程。因此,初始条件以及模式物理过程可能在其本质不确定性范围内受到扰动,从而产生一系列模拟结果。上述每一个集合模拟过程中都会产生一个预报结果,也就成为一个集合成员。

从形式上讲,EPS 系统可以表示为一组数值积分,形式为:

$$\Psi_j(T) = \Psi_j(0) + \int_0^T [P_i(\Psi_j, t) + \Omega(\Psi_j, t)]\mathrm{d}t \qquad (5.13)$$

其中,$j = 1, \cdots, N$。N 表示集合成员的个数。所有集合成员都是相似的,但略有不同。集合方法能够将单个集合成员中包含的特定信息集成到一个结果中,而这个结果比任何单个集合成员“知道”更多,或包含更多的信息,或者更好地给出气候模拟和天气预报的结果。

扰动初始条件集合

传统集合方法 PICE,实现了模式的初值条件扰动,并已广泛应用于 NWP(Buizza,1997);此时,模式物理过程是确定的,因此对于方程(5.13)中所有集合成员,P_j 是相同的。基于此方法,每个集合成员从不同的初始状态 $\Psi_j(0)$ 开始积分,模式运行规定时间 T 后,将集合成员的预报结果之间,以及所有预报结果与观测进行比较分析,并计算得到平均预报结果(图 5.16)。

通常情况下,集合平均比单个集合成员能够更好地描述 $t = T$ 时刻的实际天气或气候状态。使用 PICE 方法,能够观察初始条件下的小不确定性在模式积分时间内如何发展成预报大气状态中显著(或可测量)的差异。对于 PICE 来说,初始时刻是考虑不确定性的唯一时刻,即在确定性 NWP 模型中引入扰动的唯一时间步骤。研究表明,PICE 是 NWP 的有效工具;然而,PICE 预报的离散度仍然不足以系统性地改善数值天气预报结果(Buizza et al. ,2005)。

扰动物理过程集合

扰动物理过程集合(PPE)方法是改善气候模拟和预报的有效方法(Kharin and Zwiers,2000;Stensrud et al. ,2000;Broccoli et al. ,2003;Murphy et al. ,2004;Stainforth et al. ,2005;Yoshimori et al. ,2005)。通过这种方法,每个预报成员采用不同的扰动模式物理过程 P_j,同时这种方法也可以如方程(5.13)所示,与 PICE 结合使用(Stainforth et al. ,2005)。

物理过程扰动集合的主要方法包括:

• 在 0.5 和 1.5 之间抽取随机数 r_j,将其与总的物理过程参数化过程 P 相乘,即 $P_j = r_j \times P$,通过这种方法来模拟与物理过程参数化方案相关的模式随机误差(Buizza et al. ,1999,2005)。

• 选择一个或几个控制次网格尺度大气和表面过程的关键模式物理参数进行扰动,每个时次都可以多一个或多个物理参数进行扰动,同时扰动尺度应控制在其本身不确定性的量级范围内(Murphy et al. ,2004;Stainforth et al. ,2005)。

• 选择不同的模式物理过程参数化方案作为扰动模式物理过程,因此,不同的参数化方案配置就构成了不同的集合成员(Stensrud et al. ,2000)。

• 模式物理过程的神经网络模拟模型也可作为产生扰动物理过程集合成员的实现方法(Krasnopolsky et al. ,2008)。

目前大多数模式通常情况下都会采用 PICE 与 PPE 组合的方法(图 5.16)。一个特定的 GCM 集合成员会在整个 GCM 运行时间 T 上采用特定配置的扰动物理过程 P_j。因此,在 PPE 中,不同配置的扰动物理过程(即次网格尺度物理过程的不同实现)对应于不同的集合成员,并且每个集合成员在整个 GCM 积分过程中都是存在且发生变化的,这个时间比对应的次网格物理过程的特征时间尺度要长得多。

扰动物理过程的短期集合

本小节介绍一种针对扰动物理过程的扰动成员产生方法,即短期扰动物理集合(STPPE)方法(Krasnopolsky et al.,2008)。这种方法在传统 PICE 方法的框架下是不可能实现的,而在 STPPE 方法中,由于引入了模式物理过程的不同实现方式(或扰动版本)的组合,其时间间隔与对应次网格过程的时间尺度相当。因此,STPPE 的数学表达式为:

$$\Psi(T) = \Psi(0) + \int_0^T \Big[\frac{1}{N} \sum_{j=1}^N P_j(\Psi,t) + \Omega(\Psi,t) \Big] \mathrm{d}t \tag{5.14}$$

在每个时间步长上都会产生由模式物理过程不同实现方法构成的集合成员,并对其求平均。计算得到的集合平均用于模式积分,并得到下一个时间步长积分结果。图 5.17 给出了 STPPE 的平均结果,可以看出,PICE 或 PPPE 方法(图 5.16)与 STPPE(图 5.17)的主要差异体现在:

- PICE 和 PPE 由 N 个相互独立的模式运行结果组成;而 STPPE 只有一个模型运行结果。
- 在 PICE 和 PPE 方法中,气候或天气特征的集合平均是在所有 N 个模式积分结束后计算得到的,其结果结合了所有单个集合成员模拟得到的气候或天气特征。而在 STPPE 中,在每个积分时间步长 t_i 上均计算集合平均,并将其作为扰动物理过程集合成员的输出。最后获得的天气或气候特征是单个 STPPE 运行的结果。可见,使用这种方法,不需要计算额外的平均天气或气候特征。
- STPPE 的计算速度明显优于 PICE 和 PPE。

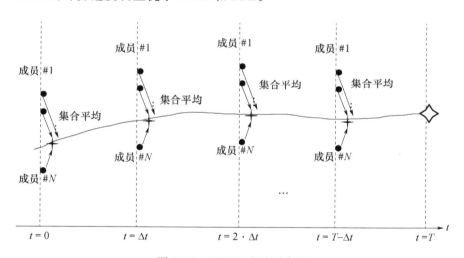

图 5.17　STPPE 方法示意图

对于计算时间而言,一个模式物理过程扰动成员的计算时间约为 $\frac{1}{m}T$,其中 T 表示一个 PICE 成员积分需要的总时长,$1/m < 1$ 则表示计算模式物理过程占积分时间的比例。此时运行 STPPE 所需时间为:

$$T_{\mathrm{STPPE}} = \Big[\Big(1 - \frac{1}{m}\Big) + \frac{N}{m} \Big] \cdot T \tag{5.15}$$

而 PICE 或 PPE 运行则需要更长时间,表达式为:

$$T_{\mathrm{PIEC}} = N \cdot T = N \cdot \Big[\Big(1 - \frac{1}{m}\Big) + \frac{1}{m} \Big] \cdot T \tag{5.16}$$

上述三种集合方法(PICE、PPE 和 STPPE)的主要不足在于执行它们所需的时间。PICE 和 PPE 都需要 N 倍于单个模式运行的时间(N 为集合成员的数量),即计算时间为 $N \cdot T$,其中 T 表示单个 GCM 运行所需的时间。STPPE 需要的时间要少得多,因为只有模式物理过程计算了 N 次。举个例子,假如模式物理过程的计算时间为模式总运行时间的 50%(即 $m=2$),则当集合成员个数相同时,STPPE 将比 PICE 或 PPE 运行快两倍左右。如果模式物理计算时间缩短,STPPE 的计算效率将更高。在下一节中将展示当引入神经网络技术生成扰动物理过程的集合成员,STPPE 的计算效率将在量级上超过 PICE 和 PPE。

5.3.2 扰动物理过程的神经网络集合

神经网络模拟不仅可以作为引入快速模式物理过程的工具(见第 4 章),还可以作为构建扰动物理过程的有效方法。神经网络模拟技术能够方便、自然地引入模式物理过程(或模式物理过程的一部分)中的扰动,并开发扰动模式物理过程的快速版本(或模式物理过程的快速扰动模块)。此外,当使用 STPPE 方法时,使用基于神经网络的扰动物理过程可以使整个集合的计算时间与单个模式运行的计算时间相当。

神经网络模拟技术可用以下方式引入一系列扰动的模式物理过程。相对原始模式物理过程,第 j 个扰动可以表示为:

$$P_j = P_j^{NN} = P + \varepsilon_j \tag{5.17}$$

其中,P_j^{NN} 表示原始模式物理过程 P 的第 j 个神经网络模拟模型,ε_j 则表示第 j 个神经网络模拟模型的模拟误差。如第 2 章和第 4 章所述,ε_j 的量值和统计特征主要取决于方程(2.2)中隐藏神经元个数 k,并随着 k 的变化出现明显改变。例如,模拟错误(偏差)的系统性偏差部分是可以调整至忽略不计的,此时 ε_j 仅由随机误差决定,其量级与模式物理过程(或其中某一参数化过程)的内在不确定性相当(参见 4.3.6 节)。

分析可知,使用神经网络模拟模型将提升三类集合(PICE、PPE 和 STPPE)的计算速度。对于 PICE 或 PPE 方法,当具有 N 个集合成员并使用 N 个不同的神经网络模拟模型时,每个神经网络模拟模型的运算速度比原始模式物理过程快 n 倍,可表示为:

$$T_{PPE}^{NN} = N \cdot T = N \cdot \left[\left(1 - \frac{1}{m}\right) + \frac{1}{m \cdot n} \right] \cdot T \tag{5.18}$$

其中 $1/m<1$ 则表示计算模式物理过程占积分时间的比例。对于 NCAR 的 CAM 而言,$m \approx 3/2 \sim 2, n \approx 10 \sim 100$。可见在 PICE 或 PPE 方法中使用神经网络模拟能够将计算速度提升 2~3 倍。

实际上,在 STPPE 情况下,计算速度的提升更为显著。当使用 N 个神经网络模拟模型时,每个模型都比原始模式物理过程快 n 倍,因此 STPPE 运行需要的时间为:

$$T_{STPPE}^{NN} = \left[\left(1 - \frac{1}{m}\right) + \frac{N}{m \cdot n} \right] \cdot T \tag{5.19}$$

因此,当采用 STPPE 方法,将 N 个针对模式物理过程的不同神经网络模拟模型作为集合成员时,其运算速度与 PICE 或 PPE 方法中单个集合成员的运算速度相当。

5.3.3 不同集合方法的比较

在本节中,在考察了 STPPE 方法的计算效率的基础上,分析此方法与 PICE 和 PPE 相比在气候模拟准确性上的改善程度。模拟试验分为以下步骤进行:

首先将采用原始模式物理过程和原始初始条件的 NCAR CAM 运行过程作为控制试验，将其与三种类型集合方法得到的模拟结果进行比较分析。具体而言，采用原始模式物理过程（包括原始 LWR 参数化）和原始初始条件设定，利用 NCAR CAM 积分 15 a 得到的气候模拟作为气候状态的控制试验结果（也可称为合成"观测"），并以此作为比较分析的基础。将不同集合方法（PICE、PPE 和 STPPE）的所有集合成员以及集合平均与这些合成"观测"进行对比。

接下来，为了构建一个扰动物理过程的集合，利用 6 个具有不同近似误差的不同神经网络模型对原始 LWR 参数化过程（Collins et al.，2002）进行了模拟（Krasnopolsky et al.，2005；Krasnopolsky and Fox-Rabinovitz，2006）。此时，扰动 LWR 参数化过程可表示为：

$$LWR_j^{NN} = LWR + \varepsilon_j \tag{5.20}$$

其中，LWR 表示 NCAR CAM 中的原始 LWR 参数化物理过程。LWR_j^{NN} 表示针对原始 LWR 参数化物理过程的第 j 个神经网络模拟模型，同时 ε_j 则表示第 j 个神经网络模拟模型的模拟误差。方程中 LWR_j^{NN} 即可理解为第 j 个扰动模式物理过程 P_j。

通过混合两种不同的方法来创建神经网络模拟集合，并从中选择了具有足够多样化代表性的 6 个神经网络模拟模型作为集合成员。这 6 个集合成员中有 5 个具有相同的架构，即相同数量的神经元（$k=150$），但使用了不同的神经网络权重系数的初始化条件。第 6 个神经网络模拟集合成员具有不同的架构，即神经元个数 $k=90$。就近似结果的准确性而言，集合成员之间存在较大的离散度，集合成员神经网络的近似 RMSE 从 0.28 K/d 到 0.40 K/d 不等。因此，通过使用神经网络模拟模型而不是原始 LWR 参数化，将这种量级的扰动引入到 LWR 模式物理过程中。

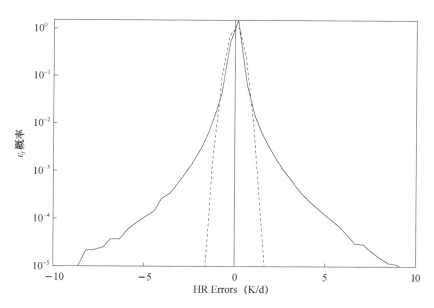

图 5.18　ε_j 的概率密度函数分布（其中 ε_j 的平均值为 3.10^{-4} K/d，标准差为 0.35 K/d。虚线表示具有相同平均值和标准偏差的正态分布）

图 5.18 给出了扰动近似误差的分布。对比相同均值和偏差的有限区域正态分布特征，图中扰动的分布显然是非正态的，其出现较大扰动的可能性很小且有限。比较 LWR 本身的均值（$\mu = -1.4$ K/d）和标准差（$\sigma = 1.9$ K/d）可以看出，大部分扰动分布于 $\mu \pm \sigma$ 范围内，小部分扰动可达到 $\mu \pm 3\sigma$ 的范围。这种分布在平均意义上与模式物理过程参数化方案一致，并且虽

然在某些情况下（如极端事件）由于次网格过程引入的误差可能非常大，但整体而言较为适度。

在 CAM 的 LWR 物理过程应用中，神经网络模拟模型的计算速度比原始 LWR 参数化方案快 100 倍。当方程（5.15）—（5.18）以及方程（5.19）中取 $m=3$ 时，原始 CAM 的 LWR 计算时间占到模式积分总时间 T 的 30%，在 PICE 或 PPE 方法中采用 LWR 神经网络模拟模型能够将计算速度再提升 30%。而在 STPPE 方法中，采用神经网络模拟模型的加速效果更为显著。同样取 $m=3$，集合成员 $N=6$ 时，其计算时间仅为 PICE 单个集合成员计算时间的 70%。

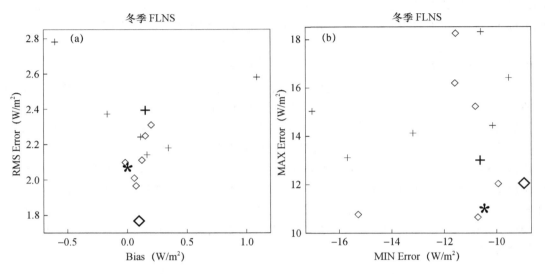

图 5.19　（a）冬季（12 月—次年 2 月）表面净 LWR 通量（FLNS，单位：W/m^2）的偏差和 RMSE 以及（b）最小和最大误差的散点分布（普通菱形符号（◇）表示 PICE 成员，加粗菱形（◆）符合表示 PICE 平均；普通十字（＋）和加粗十字（✚）符号分别表示 PPE 成员和 PPE 平均；普通星号（＊）和加粗星号（✱）符号分别表示 STPPE 成员和 STPPE 平均。

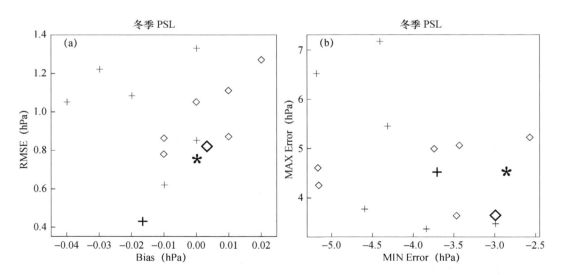

图 5.20　（a）冬季（12 月/次年 2 月）边界层高度的偏差和 RMSE 以及（b）最小和最大误差的散点分布图，图中符合标识与图 5.19 相同

为了对上述三种集合方法进行比较,通过随机干扰控制试验的初始温度场,生成了 6 个初始条件扰动成员,然后对这 6 个成员进行 PICE 试验,即利用 NCAR CAM 积分 15a,得到 6 个气候模拟结果(图 5.16)。接下来,采用 PPI 方法,采用前文构建的 6 个神经网络模拟模型作为集合成员同样积分 15 a,可以得到 PPE 试验的 6 个气候模拟结果。在 STPPE 中采用相同的神经网络集合成员。将三类试验得到模拟气候状态以及试验中每个成员的模拟结果和诊断分析量,与采用原始初始条件和原始物理过程的控制试验结果进行比较,计算分析了每个集合成员的预报场和诊断量的气候模拟误差,包括系统性误差(偏差)、RMSE、最大值(极端正异常值)和最小(极端负异常值)误差。图 5.19 和 5.20 分别给出了表面净 LWR 通量和边界层高度两个物理量的误差分析结果,其中普通菱形符号(◇)表示 PICE 成员,加粗菱形(◇)符号表示 PICE 平均;普通十字(＋)和加粗十字(＋)符号分别表示 PPE 成员和 PPE 平均;加粗星号(*)符号分别表示 STPPE 试验结果。

STPPE 气候模拟试验采用了前文构建的 6 个神经网络模拟,将每个时间步长和每个网格点上 6 个神经网络模拟输出的平均值作为 LWR 的输出。此试验与控制试验的比较分析结果在图 5.19 和 5.20 中用加粗的星号表示。

图 5.19 显示不同集合试验模拟下,冬季(12 月至次年 2 月)表面净 LWR 通量(FLNS,单位 W/m²·)偏离控制试验结果的误差分布。值得注意的是,在其图 5.19b 显示的最小的和最大的误差表示的是整个 15 a 模型积分过程中出现的极端异常值。图 5.20 则给出了冬季边界层高度(PSL,单位 hPa)三类集合试验的误差分布。上述两张图表显示,三类集合方法在提高气候模拟准确性方面都取得了类似的结果。此外,PPE 产生的集合成员的离散度比仅对初始条件进行随机扰动的 PICE 试验要大得多,其他物理量也存在类似的特征。

5.3.4　讨论

在本节中,在扰动物理过程集合方法中引入了神经网络模拟技术作为生成扰动模式物理过程的工具。此外,还介绍了 STPPE 方法。结果表明,神经网络模拟技术的优点在于:(1)引入模式物理过程(或模式物理过程的某一部分)的快速版本,可以使任何类型的集合方法的计算速度提升 2~3 倍;(2)能够方便且自然地引入扰动的模式物理过程(或模式物理过程的某一部分),并开发快速版本的计算方案;并且(3)STPPE 方法能够使整个集合的计算时间与单个成员模式运行的计算时间相当。

此外,本节讨论的三类集合方法(PICE、PPE 和 STPPE)都对气候模拟精度的具有相同程度的改进。在气候模拟中使用这些集合方法,可显著减少系统误差(偏差),同时可以通过选择最好的集合成员来减少随机错误。对于极端(最小和最大)误差也是如此。使用模式物理过程的神经网络模拟模型可显著提高所研究的任何集合方法的计算性能,且 STPPE 方法可明显快于 PICE 或 PPE。

参考文献

Barai S V,Reich Y,1999. Ensemble modeling or selecting the best model:many could be better than one. AI E-DAM,13:377-386.

Bleck R,2002. An oceanic general circulation model framed in hybrid isopycnic-cartesian coordinates. Ocean

Model,4:55-88.

Broccoli A J,Dixon K W,Delworth T L,et al,2003. Twentieth-century temperature and precipitation trends in ensemble climate simulations including natural and anthropogenic forcing. J Geophys Res,108(D24): 4798-4811. doi:10. 1029/2003JD003812.

Buizza R,1997. Potential forecast skill of ensemble prediction and spread and skill distributions of the ECMWF Ensemble Prediction System. Mon Wea Rev,125:99-119.

Buizza R,Palmer T N,1998. Impact of ensemble size on ensemble prediction. Mon Wea Rev,126:2503-2518.

Buizza R,Miller M,Palmer T N,1999. Stochastic representation of model uncertainties in the ECMWF Ensemble Prediction System. Quart J Roy Meteor Soc,125:2887-2908.

Buizza R,Houtekamer P L,Toth Z,et al,2005. A comparison of the ECMWF,MSC,and NCEP Global Ensemble Prediction Systems. Mon Wea Rev,133:1076-1097.

Chassignet E P,Smith L T Jr,Halliwell G R Jr,et al,2003. North Atlantic simulations with the hybrid coordinate ocean model(HYCOM):Impact of the vertical coordinate choice,reference pressure,and thermobaricity. J Phys Oceanogr,33:2504-2526.

Collins W D,Hackney J K,Edwards D P,2002. A new parameterization for infrared emission and absorption by water vapor in the National Center for Atmospheric Research Community Atmosphere Model. J Geophys Res,107:1-20.

Du J,Mullen S L,Sanders F,1997. Short-range ensemble forecasting of quantitative precipitation. Mon Wea Rev,125:2427-2459.

Ebert E E,2001. Ability of a poor man's ensemble to predict the probability and distribution of precipitation. Mon Wea Rev,129:2461-2480.

Guinehut S,Le Traon P Y,Larnicol G,et al,2004. Combining argo and remote-sensing data to estimate the ocean three-dimensional temperature fields-a first approach based on simulated data. J Mar Syst,46:85-98.

Kharin V V,Zwiers F W,2000. Changes in the extremes in an ensemble of transient climate simulations with a coupled atmosphere-ocean GCM. J Climate,13:3760-3788.

Krasnopolsky V M,2007a. Neural network emulations for complex multidimensional geophysical mappings:applications of neural network techniques to atmospheric and oceanic satellite retrievals and numerical modeling. Rev Geophys,doi:10. 1029/2006RG000200.

Krasnopolsky V M,2007b. Reducing uncertainties in neural network Jacobians and improving accuracy of neural network emulations with NN ensemble approaches. Neural Netw,20:454-461.

Krasnopolsky V M,Fox-Rabinovitz MS,2006. Complex hybrid models combining deterministic and machine learning components for numerical climate modeling and weather prediction. Neural Netw,19:122-134.

Krasnopolsky V M,Lin Y,2012. A neural network nonlinear multimodel ensemble to improve precipitation forecasts over continental US. Adv Meteor:11pp. Article ID 649450,doi:10. 1155/2012/649450. http://www. hindawi. com/journals/amet/2012/649450/Krasnopolsky V M,Fox-Rabinovitz M S,Chalikov DV,2005. New approach to calculation of atmospheric model physics:Accurate and fast neural network emulation of long wave radiation in a climate model. Mon Wea Rev,133:1370-1383.

Krasnopolsky V M,Lozano C J,Spindler D,et al,2006. A new NN approach to extract explicitly functional dependencies and mappings from numerical outputs of numerical environmental models //Proceedings of the IJCNN2006,Vancouver,BC,Canada,16-21 July,8732-8734.

Krasnopolsky V M,Fox-Rabinovitz M S,Belochitski A,2008. Ensembles of numerical climate and weather prediction models using neural network emulations of model physics //Proceedings of the 2008 IEEE World congress on computational intelligence. Hong Kong,1-6 June,paper NN0498,1524-1531.

Krasnopolsky V,Fox-Rabinovitz M,Belochitski A,et al,2011. Development of neural network convection parameterizations for climate and NWP models using cloud resolving model simulations. NCEP office note 469. http://www. emc. ncep. noaa. gov/officenotes/newernotes/on469. pdf.

Krishnamurti T N,Kishtawal C M,LaRow T E,et al,1999. Improved weather and seasonal climate forecasts from multimodel superensemble. Science,285:1548-1550.

Krishnamurti T N,Kishtawal C M,Zhang Z,et al,2000. Multimodel ensemble forecasts for weather and seasonal climate. J Climate,13:4196-4216.

Lin Y,Krasnopolsky V M,2011. Simple-and modified-poor man's QPF ensembles,and a neural network approach //91th annual AMS meeting,AMS 24th conference on weather and forecasting/20th conference on numerical weather prediction,Paper 6A. 2.

Mellor G L,Ezer T,1991. A Sulf Stream model and an altimetry assimilation scheme. J Geophys Res,96:8779-8795.

Murphy J M,Sexton D M,Barnett D N,et al,2004. Quantification of modelling uncertainties in a large ensemble of climate change simulations. Nature,430:768-772.

Novak D R,Bailey C,Brill K,et al,2011. Human improvement to numerical weather prediction at the Hydrometeorological Prediction Center //91th annual AMS meeting,AMS 24th conference on weather and forecasting/20th conference on numerical weather prediction,Paper No 440.

Palmer T N, et al,2007. The ensemble prediction system-recent and ongoing developments. ECMWF Tech Memorandum No 540.

Speer M S,Leslie L M,1997. An example of the utility of ensemble rainfall forecasting. Aust Meteor Mag 46:75-78.

Stainforth D A et al,2005. Uncertainty in predictions of the climate responses to rising levels of greenhouse gases. Nature,433:403-406.

Stensrud D J,Bao J W,Warner T T,2000. Using initial condition and model physics perturbations in short-range ensemble simulations of mesoscale convective systems. Mon Wea Rev,128:2077-2107.

Tang Y,Hsieh W W,2003. ENSO simulation and prediction in a hybrid coupled model with data assimilation. J Meteor Soc Japan 81:1-19.

Wilks D S,2011. Statistical methods in the atmospheric sciences,3rd ed. Academic,San Diego Yoshimori M, Stocker TF,Raible CC,et al,2005. Externally forced and internal variability in ensemble climate simulations of the maunder minimum. J Climate,18:4253-4270.

Zhang Z,Krishnamurti T N,1997. Ensemble forecasting of hurricane tracks. Bull Ame Meteorol, Soc, 78:2785-2795.

第6章 总 结

科学即事实。正如房子是石头砌成的一样,科学是由事实建立起来的。但是,一堆石头并不是一所房子,一堆事实也不一定是一门科学。

——Jules Henri Poincare,《科学与假设》

摘要

本章对全书介绍的内容进行了较为全面的总结。讨论了神经网络技术的优点和局限性。同时也简要介绍了一些其他统计学习技术,如最近邻近似法、回归树和随机森林近似法等。将这些技术应用于大气模式长波辐射(LWR)过程的参数化模拟中,并与神经网络模型的性能进行了比较。

在过去几十年中,ESS 的领域在研究对象方法出现了一种整体的变化趋势,即从简单、低维、单一学科的线性或弱非线性的地球物理过程和系统向复杂、多维、跨学科和非线性的过程和系统过渡。这一趋势与 ESS 建模(包括统计建模)的工具发展趋势密切相关,具体表现在从简单、低维、线性或弱非线性模型过渡到复杂、多维、耦合、非线性模型,从简单的线性统计工具(如线性模型和线性回归)过渡到复杂的非线性统计工具(如非线性回归、神经网络和支持向量机)。

非线性模型和统计工具的应用表明,它们在解决作为现代 ESS 所包含的各组成部分的密切相互作用等问题方面,具有更大的充分性。然而,这种转变以及当前对非线性统计工具和模型的密集使用也表明,它们的复杂性和灵活性如果处理不当,在某些情况下可能导致不好的结果和错误的预测。这种情况下应该如何呢? 返回到简单的线性工具和模型? 显然不行。因为研究对象本质上的复杂非线性特征,在这种情况下,唯一有效的方法是对研究对象进行更广泛更深入的研究,找到能够完成任务的非线性统计工具和模型,并通过经验学习最大限度地减少或消除副作用,同时最大限度地发挥这些非线性模型和工具的复杂性和灵活性的优势。

在本书每一章的讨论中都试图强调:从线性统计工具向非线性统计工具(如非线性统计工具)的过渡在某种程度上需要调整研究者的思维和哲学。例如,当处理相对简单的线性系统并使用线性统计工具(如简单的线性回归)对这些系统进行建模时,可以假设在某些情况下,统计模型参数具有物理意义,即它们与所涉及物理过程的特征直接相关,并且能够描述所考虑系统的物理结构。而当处理复杂的非线性系统并应用非线性统计工具时,可能应该主要侧重于获得对所考虑系统行为的最佳预测,而不是试图从非线性模型的多个参数中提取物理意义。

6.1 神经网络技术小结

在这本书中,重点提出并讨论了一种特定的通用型神经网络技术:MLP 神经网络,以及这种技术在复杂多维影响场景中的应用。结果表明,这类通用型神经网络适用于大气和海洋科学中的各种重要问题,并且可以提供灵活、准确和快速的非线性解决方案来解决这些问题。例如分类问题(Hansen and Salamon,1990;Sharkey,1996;Opitz and Maclin,1999)就能够采用MLP 神经网络得到成功应用(Lippmann,1989;Marzban and Stumpf,1996;Hennon et al.,2005)。当然还有其他类型的神经网络能够为其他通用型应用提供解决方案,如模式识别问题(Ripley,1996;Nabney,2002)或时间序列预测(Weigend and Gershenfeld,1994)。本书没有直接介绍和处理这些类型的神经网络及其应用,但是,本书讨论了神经网络技术应用的许多通用问题,例如神经网络的模块建构、问题的复杂度和维度与提供问题解决方案的非线性模型的相应复杂性和架构,以及神经网络的泛化能力等。这些基本问题很重要,对其他类型的神经网络和其他神经网络应用程序都适用。

然而,人工神经网络可以被认为是针对各种高维近似问题最先进的通用方法,但未必是这些应用的最佳解决方案。众所周知,神经网络是通用型的近似工具,即它们可以将任何连续功能等同于任何预定的精度(DeVore et al.,1997),但只有允许神经元的数量任意增加才能实现。此外,网络参数(权重)的计算需要解决一个大型的非线性优化问题,不一定能得到最优化的解。

虽然在本书中考虑的神经网络对模拟复杂多维映射问题的应用产生了出色的效果,但并非没有其局限性。其中最重要的是,以 Sigmoid 或双曲切线函数为代表的神经元无法局部化,因此其叠加是一种复杂的非正交扩展。与傅里叶方法类似,局地化特征会影响函数扩展的许多甚至所有方面。过去几十年在映射处理方面取得的巨大进步之一,就是用局部波包方法取代了傅里叶方法。而非局地性会严重影响局地或多尺度信息的有效获取。此外,在使用神经网络仿真模型时,注意到虽然概率很小,神经网络技术有时可能会出现相对较大的误差。因此,虽然系统误差和随机误差都非常小,但仍然需要尽量避免小概率、大振幅的误差出现(具体方法见 4.3.5 节)。

目标映射的近似是需要使用数据集进行训练。这些数据集需要包括在观测或数值模拟期间对原始映射的观测或模拟数据的评估。因此,从映射所代表的物理本质来看,训练数据集的输入需要能够涵盖一定时期内观察到的物理状态。但当考虑到天气状态的变化,需要评估的映射值域可能会随着时间而变化。在这种情况下,近似模型可能需要被迫对超出其训练范围的事件进行推断,这可能导致更大的误差。在这种情况下,可能有必要重新训练模型,以适应新的环境。

在这种情况下,神经网络是否是本书中考虑的对映射进行数值模拟的最终 SLT 解决方案呢?事实上,由于在大气海洋领域数值模拟应用目标是捕捉微妙的多尺度现象,因此,一种更面向应用、响应更灵敏、适应性更强的机器学习方法会具有更好的应用价值。然而,在谈到适应性技术时应该记住,方法的成功很大程度上取决于对所考虑的特定问题的先验性。在这方面,适应性技术类似于反向问题,即需要额外的信息来规范它们。此时,问题的解决都对正则化(先验)信息和(或)为使问题可解决而引入的其他假设的微小变化非常敏感(Novak,1996)。下节将综合介绍一些其他的计算智能方法。

6.2　其他统计学习技术小结

主要的 SLT 包括内核法(Vapnik and Kotz,2006;Hsieh,2009)、神经网络和最近邻域算法(Shakhnarovich et al.,2006)。每种方法都各有利弊。神经网络和内核法的优点是,可以在高维度中实现而无需将近似映射的域分割成子域。同时它们的缺点有两个方面:首先,这两种方法不是局地的,也就是说这两种方法的基本模块无法实现函数的局地化,而是可能需要通过很多模块组合近似一个简单的但能够实现本地化的函数。但是,这一点不适用于使用高斯基础函数的径向基础函数神经网络。第二是它们没有提供显式描述基础函数或映射变化的能力。

最近邻域法是局地化特征非常明显的 SLT 方法,但通常无法自适应实施。换句话说,最近邻域法的规则中没有考虑到基础函数的差异性(这将反映在数据中)。虽然这种方法可能更接近于具体某个问题的解决方案,在处理更高空间维度的问题时会出现严重的"维度灾难"(见2.2.1、2.3.1 和 2.4.1 节)。

据本书作者所知,第一次尝试应用神经网络以外的方法来模拟本书中讨论的一些复杂的映射是由 Belochitski 等(2011)完成的。在这项工作中,使用了几种非参数近似方法作为神经网络的替代品。非参数学习方法通常尝试分区输入空间,然后使用简单的局地模型(如分段常数)来近似数据。基于最近邻域近似和回归树这两类常见的统计学习范式,提出了三种非参数近似方法:最近邻域近似、回归树和随机森林近似(Belochitski et al.,2011)。这三种方法已应用于模拟 NCAR CAM 的 LWR 参数化过程,并与为 4.3.3 节中针对此参数化过程开发的神经网络仿真模型进行比较。采用非参数近似方法的主要研究成果包括(Belochitski et al.,2011):

1. 原则上最近邻域近似方法和回归树都能够达到与神经网络相当的统计近似质量;随机森林近似则在 RMSE 评分上比神经网络模型效果更好。

2. 采用基于树结构 LWR 模型的 NCAR CAM 与使用原始参数化过程的计算结果非常一致;然而即使采用最好的随机森林近似,结果也不如神经网络模型。这似乎与第一点存在矛盾。这是由于 LWR 加热率廓线有多个相关输出量,而神经网络是唯一能够利用这些相关量信息的方法。也就是说,神经网络仿真模型将 LWR 加热率廓线信息视为整体来进行考虑,从而保留了相邻垂直高度廓线信息之间的强相关性。而基于树结构的统计方法是逐高度层进行近似处理的,廓线每个元素都是独立的,缺少相关性信息。因此,尽管近似精度相当,但从模式角度来说,加热率廓线中的垂直相关性很重要,因此基于树结构的 LWR 在模式积分结果的表现方面不如神经网络。

3. 从实际应用角度来看,这些方法在加快计算速度方面无法与神经网络仿真相竞争;此外,非参数近似方法是基于内存计算,即它们需要永久存储所有训练数据,这使得它们在并行环境中的使用比神经网络仿真要困难得多。

随着未来对于复杂、多维、跨学科和非线性的过程和系统的研究越来越深入,更多的统计方法会出现在 ESS 的应用研究领域。因此,在引入新方法的同时,需要综合考虑对复杂多维映射的近似程度、模式表现、计算成本等多方因素,不断优化技术方法,为大气海洋数值模拟提供更多更好的 SLT 工具。

参考文献

Belochitski A P,Binev P,DeVore R,et al,2011. Tree approximation of the long wave radiation parameterization in the NCAR CAM global climate model. J Comput Appl Math,236:447-460.

DeVore R, Oskolkov K, Petrushev P, 1997. Approximation by feed-forward neural networks. Ann Numer Math,4:261-287.

Hansen L K,Salamon P,1990. Neural network ensembles. IEEE Trans Pattern Anal,12:993-1001.

Hennon C C,Marzban C,Hobgood J S,2005. Improving tropical cyclogenesis statistical model forecasts through the application of a neural network classifier. Weather Forecast,20:1073-1083. doi:10. 1175/WAF 890. 1.

Hsieh W W,2009. Machine learning methods in the environmental sciences. Cambridge:Cambridge University Press.

Lippmann R P,1989. Pattern classification using neural networks. IEEE Commun Mag,27:47-64.

Marzban C,Stumpf G J,1996. A neural network for tornado prediction based on doppler radarderived attributes. J Appl Meteor,35:617-626.

Nabney I T,2002. Netlab:Algorithms for pattern recognition. New York:Springer.

Novak E,1996. On the power of adoption. J Complex,12:199-237.

Opitz D,Maclin R,1999. Popular ensemble methods:AN empirical study. J ArtifIntell Res,11:169-198.

Ripley B D,1996. Pattern recognition and neural networks. Cambridge:Cambridge University Press.

Shakhnarovich G,Darrell T,Indyk P,2006. Nearest-neighbor methods in learning and vision:Theory and practice. Cambridge,MA:MIT Press.

Sharkey A J C,1996. On combining artificial neural nets. Connect Sci,8:299-313.

Vapnik V N,Kotz S,2006. Estimation of dependences based on empirical data(information science and statistics. New York:Springer.

Weigend A S,Gershenfeld N A,1994. The future of time series:Learning and understanding // Weigend A S, Gershenfeld N A. Time series prediction. Forecasting the future and understanding the past. Addison-Wesley Publishing Company,Reading,1-70.

缩　略　词

AC	Anomaly correlation	异常相关性
BT	Brightness temperatures	亮温
CAM	Community atmosphere model	公共大气模式
CAMRT	CAM radiation package	公共大气模式辐射处理模块
CFS	Climate Forecast System	气候预报系统
CGCM	Coupled general circulation(or climate)model	耦合基本环流(气候)模式
CI	Computational Intelligence	计算智能
CLD	Cloudiness	云量
CMC	Canadian Meteorological Center	加拿大气象中心
CMCGLB	Global Model from CMC	加拿大气象中心全球模式
ConUS	Continental US	美国大陆
CP	Compound parameterization	复合参数化
CPC	Climate Prediction Center	气候预报中心
CRM	Cloud—resolving model	云分辨模式
CSRM	Cloud—system—resolving model	云系统分辨模式
CTL	Control	控制
DA	Dynamical adjustment	动力调整
DAS	Data assimilation systems	资料同化系统
DIA	Discrete interaction approximation	离散化交叉网格近似
DJF	December—January—February	12—2 月
DWD	Deutscher Wetterdienst	德国气象局
ECMWF	European Centre for Medium—Range Weather Forecasts	欧洲中期天气预报中心
ENM	Environmental numerical model	环境数值模式
ENSO	El Nino—Southern Oscillatioñ	厄尔尼诺—南方涛动
EOF	Empirical orthogonal function	经验正交函数
EPS	Ensemble prediction systems	集合预报系统
ERS—2	European Remote Sensing scatterometer	欧洲遥感散射计
ES	Earth System	地球系统
ESS	Earth System Sciences	地球系统科学
ETS	Equitable Threat Score	公平观测评分
F2F	field—to—field	场变换

FM	Forward model	正向模式
GCM	General Circulation Model	基本环流模式
GCRMs	global cloud resolving models	全球云分辨模式
GFS	Global Forecast System	全球预报系统
HCM	hybrid coupled model	混合耦合模式
HM	hybrid Model	混合模式
HP	hybrid parameterization	混合参数化
LW	Long Wave	长波
LWR	Long—Wave Radiation	长波辐射
MMF	multiscale modeling framework	多尺度建模结构
MRIS	Moderate Resolution Imaging Spectrometer	中分辨率成像光谱仪
NASA	National Aeronautics and Space Administration	美国航空航天局
NCAR	National Center for Atmospheric Research	美国国家大气研究中心
NCEP	National Centers for Environmental Prediction	美国国家环境预报中心
NOAA	National Oceanic and Atmospheric Administration	美国国家海洋和大气管理局
NSIPP	Natural Seasonal—to—Interannual Predictability Program	季节到年际尺度可预测性计划
NWP	Numerical Weather Prediction	数值天气预报
P2P	Point—to—point	点对点
RA	Retrieval Algorithms	反演算法
RMSE		均方根误差
RRTM	Rapid radiative transfer model	快速辐射传输模型
RS	Remote sensing	遥感
SAR	Synthetic Aperture Radar	合成孔径雷达
SD	Standard deviation	标准偏差/标准差
SLT	Statistical learning technique	统计学习技术
SMMR	Scanning Multichannel Microwave Radiometer	扫描式多通道微波辐射计
SP	Super Parameterization	超级参数化
SSH	Sea surface height	海平面高度
SSM/I	Special Sensor Microwave Imager	特种微波成像传感器
SST	Sea surface temperature	海平面温度
STPPE	Short—term perturbed physics ensemble	短期扰动物理过程集合
SWR	Short—wave radiation	短波辐射

TF	Transfer function	传输函数
TOGA—COARE	Tropical Ocean Global Atmosphere—Coupled Ocean—atmosphere Response Experiment	热带海洋全球大气—耦合海洋大气响应实验
UKMO	United Kingdom Meteorological Office	英国气象局
WAVEWATCH Ⅲ	NCEP wind wave model	美国国家环境预报中心风浪模式
WEM	Weighted ensemble mean	加权集合平均

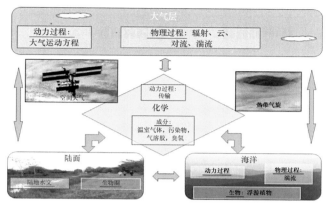

图 1.1　跨学科复杂气候天气系统示意图,图中用箭头标出了子系统之间的主要相互作用(反馈)

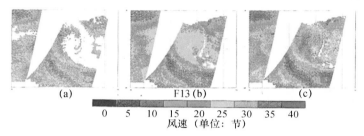

图 3.3　澳大利亚东北部一次中纬度风暴过程的 SSM/I(F13 卫星)信息反演得到的风速场。每张图中都显示了两条通道(上升和下降)的反演结果,a—c 分别为 GSW、NN0 和 NN1 算法的风速反演结果。GSW 算法无法提供高湿区的可信反演结果(a 中白色区域);NN0 算法反演结果能够填补了这些区域,但是对于强风速表现为明显的低估(b);NN1 算法则较为准确地给出了高湿区的强风速反演结果(c)。图中单位:1 节(knot)≈0.514 m/s

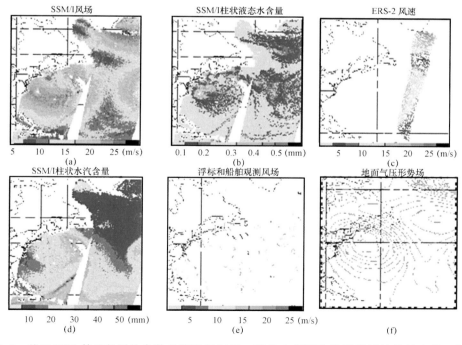

图 3.4　基于 NN1 算法得到的参数反演结果与同一时段内观测信息及模拟结果的比较。包括:基于NN1 算法反演得到的风速(a)、柱状液态水含量(b)和柱水汽(d)与散射计(ERS-2)风场(c)、浮标观测风场(e)以及模式气压场(f)

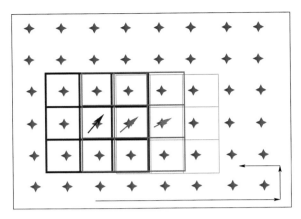

图 3.8　F2P 和 F2F 算法的训练和反演路径。其中彩色方框显示了基底的顺序位置,彩色箭头则表示在每个基地位置中心元的风矢量。黑色箭头表示基底中心沿扫描带和跨扫描带移动路径

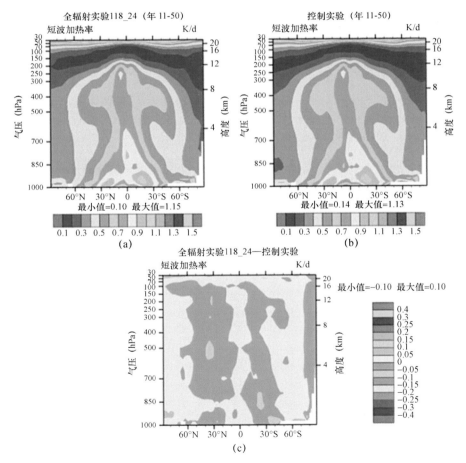

图 4.6　基于 CAM 得到的纬向和时间(1961—2001 年)的平均 SWR 加热率(单位:K/d)。其中神经网络模型实验(a)、控制实验(b)以及两者的差值(c)。纬向平均结果是从 HR 的三维场通过经向积分得到的二维场,与 *lat*、*lon* 和垂直坐标(即压力或高度)相关。水平轴表示纬度,垂直轴为气压/高度层

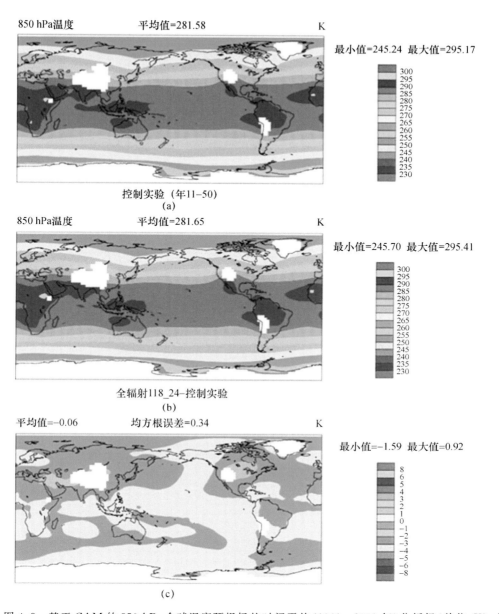

图 4.8　基于 CAM 的 850 hPa 全球温度预报场的时间平均(1961—2001 年)分析场(单位:K),包括全辐射神经网络模型实验结果(a)、控制实验结果(b)、以及两者差值(c)

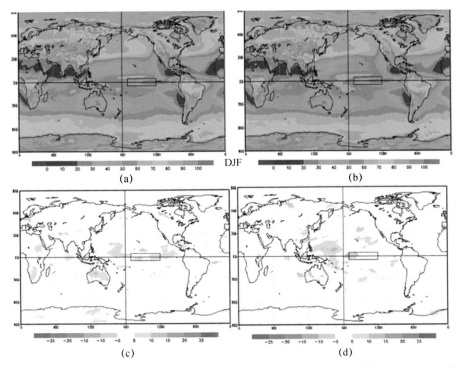

图 4.9　基于 CFS 全辐射神经网络模型实验和控制实验结果的时间平均(1990—2006 年)夏季总降水量率(JJA)(a. 控制实验(CTL),b. 全辐射神经网络模型实验;c. 偏差场(全辐射神经网络模型实验-CTL),d. 模式误差。当等值线范围为 0～6 mm/d 时,间隔设为 1 mm/d;达到 6 mm/d 时,间隔设为 2 mm/d;偏差场(c、d)的等值线间隔为 1 mm/d)

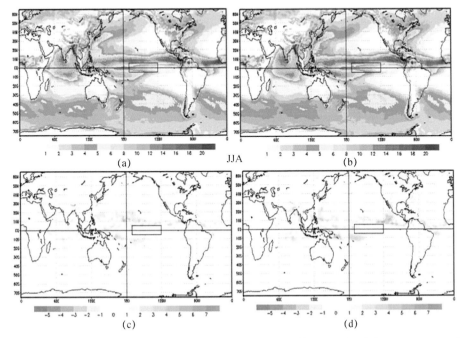

图 4.10　基于 CFS 全辐射神经网络模型实验和控制实验结果的时间平均(1990—2006)冬季总云量(DJF)。(a. 控制实验(CTL),b. 全辐射神经网络模型实验;c. 偏差场(全辐射神经网络模型实验-CTL),d. 模式误差。云量等值线间隔为 10%,偏差场间隔为 5%)

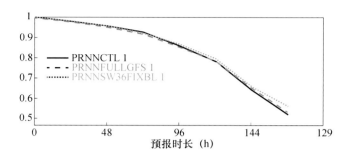

图 4.11 500 hPa 全球温度场的异常相关(AC)。(黑线表示采用原始 LWR 和 SWR 参数化的 GFS 控制实验;绿线代表采用神经网络 SWR 模型与原始 LWR 参数化方案的 GFS 实验;红线则是采用神经网络 SWR 和 LWR 模型的 GFS 实验)

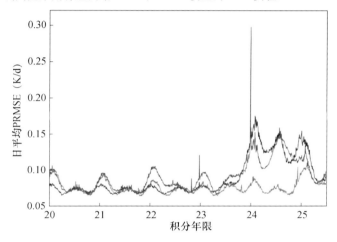

图 4.16 SWR 神经网络模型误差在模式运行期间产生的误差(蓝线)、误差神经网络预测结果(黑线),以及引入复合参数化后产生的偏差(红线)(Krasnopolsky et al.,2008a)

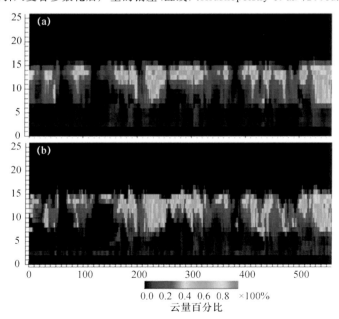

图 4.18 CLD 廓线的时间序列分布图(a.“模拟观测”分布;b. 神经网络集合模型结果)

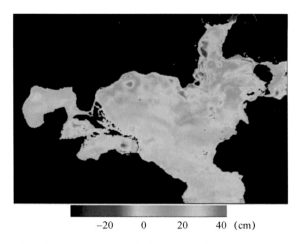

−20   0   20   40 (cm)

图 5.1　5 层隐藏神经网络模型输出的 SSH 高度场(η_{NN})与模式输出(η)的偏差分布(整个区域为大西洋模拟区域,图中水平坐标为模式内部的 $x-y$ 坐标)

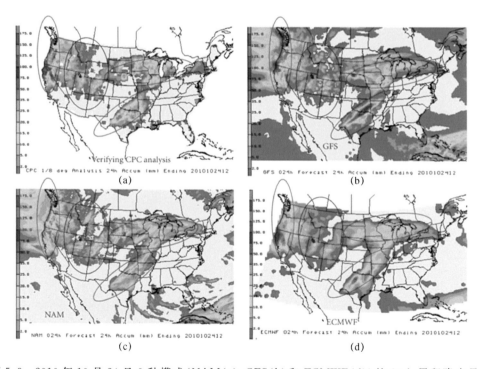

图 5.9　2010 年 10 月 24 日 3 种模式(NAM(c)、GFS(b)和 ECMWF(d))的 24 h 累积降水量(单位:mm)预报结果以及 CPC 再分析数据(a)的分布。红色和蓝色椭圆形分别显示强降水和弱降水区。图中所示说明了模式预报结果的不确定性,尤其是强降水量和弱降水量的预报结果(Krasnopolsky and Lin,2012)

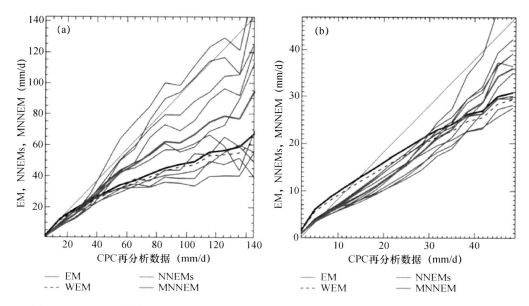

图 5.12　EM（黑实线）、WEM（黑虚线），10 个 NNEM（蓝色实线）和 MNNEM（红色实线）与 CPC 再分析结果比较的箱式散点图。其中 EM 由式（5.6）计算、WEM 由式（5.12）计算、NNEM 由式（5.10）计算、MNNEM 由式（5.11）计算。b 显示的是 a 中弱降水区域的放大效果

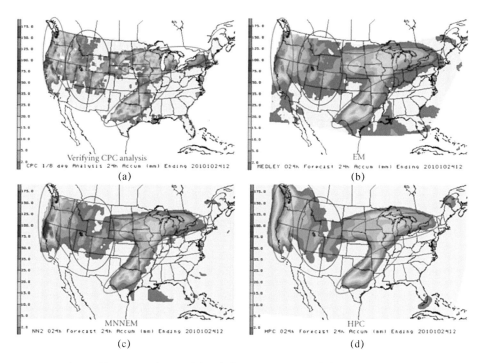

图 5.13　2010 年 10 月 24 日三类 24 h 累积降水量（24 Accum，单位 mm）预报场：EM（b）、MNNEM（c）和 HPC（d）与 CPC 再分析（a）比较（红色椭圆表示强降水区，蓝色椭圆表示弱降水区）（Krasnopolsky and Lin 2012）

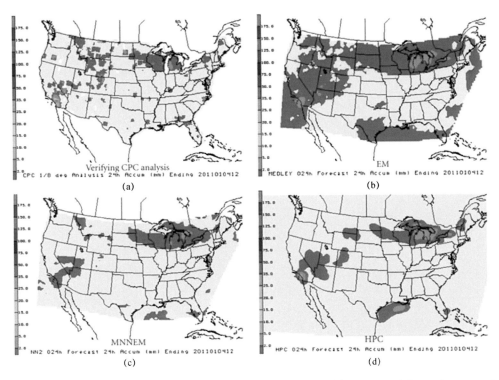

图 5.14　与 5.13 显示内容一致个例时间为 2011 年 1 月 4 日（引自 Krasnopolsky and Lin,2012）

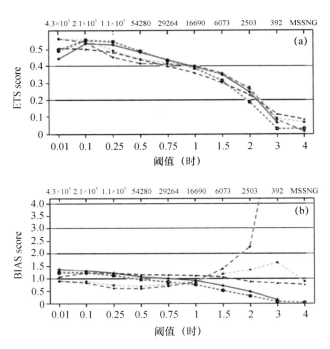

图 5.15　2010 年 11 月 15 日至 2011 年 7 月 15 日不同阈值（Threshold,单位:in°）条件下,5 种不同的 MME 24 h 预报结果的 ETS(a)和偏差评分(b)。其中红实线为 EM(式(5.6)),粉红虚线为 WEM(式(5.9)),蓝色虚线为 HPC 人工预报,浅蓝色虚线为 MNNEM(式(5.10)),棕色虚线为 NNEM(神经网络集合成员之一)预报结果（引自 Krasnopolsky and Lin,2012）